REDLINE | VERLAG

SIMONE STOLZOFF

The Good Enough Job!

Dein Job ist gut genug!

Was wir gewinnen, wenn die Arbeit nicht an erster Stelle steht

Bibliografische Information der Deutschen Nationalbibliothek:
Die Deutsche Nationalbibliothek verzeichnet diese Publikation in der Deutschen Nationalbibliografie; detaillierte bibliografische Daten sind im Internet über http://d-nb.de abrufbar.

Für Fragen und Anregungen:
info@m-vg.de

Wichtiger Hinweis
Ausschließlich zum Zweck der besseren Lesbarkeit wurde auf eine genderspezifische Schreibweise sowie eine Mehrfachbezeichnung verzichtet. Alle personenbezogenen Bezeichnungen sind somit geschlechtsneutral zu verstehen.

1. Auflage 2024

Türkenstraße 89
80799 München
Tel.: 089 651285-0

Die 1. Originalausgabe erschien 2023 bei Portfolio unter dem Titel *The Good Enough Job*.

Übersetzung: Philipp Seedorf
Redaktion: Anne Horsten
Umschlaggestaltung: Pamela Machleidt
Umschlagabbildung und Illustrationen: Katy Hill
Satz: Zerosoft, Timisoara
Druck: GGP Media GmbH, Pößneck
Printed in Germany

ISBN Print 978-3-86881-961-8
ISBN E-Book (PDF) 978-3-96267-579-0
ISBN E-Book (EPUB, Mobi) 978-3-96267-580-6

Inhalt

Reich ist, wer weiß, dass er genug hat.

— LAOTSE[1]

EINLEITUNG

Wie die Arbeit mehr sein kann als nur ein Job

Ein Geschäftsmann sitzt am Strand eines kleinen Fischerdorfs, als er einen Fischer sieht, der sich mit seinem täglichen Fang der Küste nähert. Beeindruckt von der Qualität des Fisches fragt der Geschäftsmann den Fischer, wie lang es dauert, diesen Fang zu machen.

»Oh, nicht lang«, erwidert der Fischer.

»Wieso bleiben Sie nicht länger draußen und fangen mehr Fische?«, fragt der Geschäftsmann.

»Weil ich nicht mehr brauche.«

»Aber was machen Sie dann mit Ihrer Zeit?«

»Ich schlafe lang, fange ein paar Fische, spiele mit meinen Kindern, mache ein Mittagsschläfchen mit meiner Frau und gehe dann mit meinen Freunden in die Stadt, um etwas zu trinken und Gitarre zu spielen«, antwortet der Fischer.

Der Geschäftsmann ist schockiert. Er erklärt, er verfüge über einen Master in BWL, und wenn der Fischer seinem Rat folge, könne er ihm helfen, sein Geschäft zu vergrößern. »Sie könnten ein größeres Boot kaufen«, erklärt der Geschäftsmann und sagt: »Und dann könnten Sie die Gewinne nutzen, um Ihre eigene Konservenfabrik zu kaufen.«

»Und dann?«, fragt der Fischer.

»Dann könnten Sie in die Stadt ziehen, um einen Großhandel zu eröffnen.«

»Und dann?«

»Dann könnten Sie Ihr Geschäft international aufstellen und letztlich an die Börse gehen«, meint der Geschäftsmann. »Und wenn der richtige Moment gekommen ist, können Sie Ihre Anteile verkaufen und sehr reich werden!«

»Und was dann?«

»Nun, dann können Sie sich zur Ruhe setzen, in ein kleines Fischerdorf ziehen, ausschlafen, ein paar Fische fangen, mit den Kindern spielen, Nickerchen mit Ihrer Frau machen und abends mit Ihren Freunden in die Stadt gehen, Wein trinken und Gitarre spielen.«

Der Fischer lächelt und setzt seinen Weg den Strand entlang fort.

Ich liebe diese kleine Parabel. Sie ist eine Adaption einer deutschen Kurzgeschichte von 1963 und wurde seither übersetzt sowie weitläufig verbreitet.[2] Wobei die Weltsicht des Geschäftsmanns, die sich hauptsächlich auf die Arbeit konzentriert, typisch amerikanisch ist. Das Mantra der Vereinigten Staaten könnte auch lauten: »Ich produziere, also bin ich.«

Amerikaner fragen oft als Erstes, wenn sie jemanden treffen, den sie noch nicht kennen: »Was machst du so?« Ich erinnere mich, wie ich einmal einen chilenischen Mann in einem Hostel fragte, was er mache. »Du meinst, welche Arbeit?«, erwiderte er, als hätte ich ihn nach seinem Kontostand gefragt. Natürlich tun wir alles Mögliche. Aber in den Vereinigten Staaten beschreibt unser Gelderwerb auch kurz gesagt, wer wir sind. Unser Lebensunterhalt ist zu unserem Leben geworden.

Als Analytiker des Pew Research Center[3] eine Studie unter Amerikaner durchführten, was in ihrem Leben Sinn stiftet,[4] nannten die Befragten zweimal so häufig ihren Beruf wie ihren Partner. Die Arbeit war eine wichtigere Quelle für ein bedeutungsvolles Leben als ihr Glaube oder ihre Freunde. Eine weitere Studie ermittelte, dass 95 Prozent amerikanischer Teenager – Teenager! – es als »extrem wichtig oder sehr wichtig für sie als Erwachsene« ansahen, eine zufriedenstellende Karriere oder Arbeit zu haben.[5] Eine erfüllende Karriere bewerteten sie höher als alle anderen Prioritäten, inklusive Geld zu verdienen und Menschen in Not zu helfen.

Doch Arbeit als Fetisch beschränkt sich nicht auf die Vereinigten Staaten. In einer zunehmend globalisierten Welt kennt die Geschäftigkeit keine Grenzen. Amerikanische Arbeitskultur und Managementsysteme sind genauso kulturelles Exportgut wie Big Macs und Levi's Jeans.[6] Diejenigen, die dieses Buch außerhalb der USA lesen, wissen, dass viele der Trends und Beispiele der amerikanischen Beziehung der Menschen zur Arbeit auch der Erfahrung von Arbeitern und Angestellten in anderen Ländern entsprechen – besonders unter den Höchstverdienenden.

Für Berufstätige im Büro hat sich der Job zu einer Art religiösen Identität entwickelt: Über den Gehaltsscheck liefert er einen Lebenssinn, Gemeinschaft mit anderen und das Gefühl, etwas zu bewirken. Der Journalist Derek Thompson nannte dieses neue Phänomen »Workism«*.[7] Ein Workist findet Sinn in seiner Arbeit, ähnlich wie eine religiöse Person Sinn in ihrem Glauben findet. Laut Thompson hat sich die Arbeit im Laufe des 20. Jahrhunderts von einer lästigen Pflicht zum Statussymbol und Mittel der Selbstaktualisierung gewandelt. Wenn ich einen Blick auf meine eigene Familiengeschichte werfe, scheint sich diese Theorie zu bestätigen.

Meine italienische Großmutter sah in ihrer Arbeit nicht die Reflexion ihrer Identität. Nachdem mein Großvater gestorben war, tat sie, was nötig war, um für ihre fünf Kinder zu sorgen. Sie eröffnete ein Café in einer Kleinstadt am »Absatz« des italienischen Stiefels und arbeitete dort 30 Jahre lang. Bis zu ihrem Tod hatte sie auf einer Seite einen enormen Bizeps, weil sie so häufig den Hebel der Espressomaschine betätigt hatte. Ihre Identität war geradlinig. Sie war vor allem eine gläubige Frau, dann Mutter, Großmutter, Schwester, und sie bereitete gerne frische Pasta zu. Sie genoss die Arbeit im Café, liebte sie sogar, aber diese definierte sie nicht.

Meine Mutter wuchs in derselben italienischen Stadt auf, in der all ihre Geschwister bis heute leben. Wäre sie dem vorbestimmten Pfad gefolgt, hätte sie die örtliche Universität besucht, ein Haus nur einen kleinen Fußmarsch, von dem ihrer Kindheit entfernt gekauft und hätte sich mit dem Rest der Familie jeden Tag gegen 13 Uhr getroffen, um *Orecchiette* zu essen. (In ihrer Heimatstadt schließen die Geschäfte und Büros nachmittags für *riposo* – einige Stunden,

* (A.d.Ü: Arbeit als »-ismus«)

die den Arbeitern Zeit für außerberufliche Prioritäten gewähren, wie die Familie, Essen und sich auszuruhen.)

Meine Mutter erhielt jedoch ein Stipendium, um in Rom zu studieren, traf einen attraktiven Amerikaner bei einer Urlaubsparty in der Schweiz und zog nach San Francisco. Sie studierte, um einen Abschluss in Psychologie zu machen, einerseits, weil sie sich wirtschaftlich absichern wollte, und andererseits aufgrund ihres persönlichen Interesses. Auch sie liebt ihre Arbeit, betrachtet sie jedoch als Mittel zum Zweck. Sie arbeitet, damit sie teure Tomaten auf dem Wochenmarkt kaufen, jeden Sommer nach Italien fliegen und in die Bildung ihres Sohns investieren kann.

Mein Dad ist ebenfalls Psychologe und vermutlich aus meiner Familie noch am ehesten ein »Workist«. Ich erinnere mich, wie ich ihn einmal über das philanthropische Anliegen befragte, das ihm am meisten am Herzen liege. »Ich sehe meine Arbeit als eine Art Philanthropie«, erzählte er mir über seine psychologische Praxis. »Meine Arbeit ist meine Art, etwas zurückzugeben.« Mein Dad will so lange arbeiten, wie er sich noch an die Namen seiner Patienten erinnern kann. Selbst während der Lockdowns in der Pandemie kehrte er, wann immer möglich, in seine Praxis zurück.

Meine Familiengeschichte verweist auf einige der zentralen Themen in diesem Buch: dass der Workism etwas spezifisch Amerikanisches ist, wobei er sicherlich auch an anderen Orten existiert; dass Workism besonders unter den Privilegierten verbreitet ist, auch wenn er in weniger privilegierten Schichten vorkommt; und schließlich, dass Workism ein relativ junges Phänomen ist, häufiger verbreitet in meiner Generation als in der meiner Großeltern. Der modernen Ideologie des Workism zufolge fallen zwei unterschiedliche Ziele – Geld und innere Erfüllung – zusammen. Diese liegen nicht immer auf einer Linie, und doch streben wir zunehmend danach, dass unsere Jobs beides abdecken.[8]

Aber größtenteils habe ich ein wenig von meiner Familiengeschichte erzählt, damit Sie einen Eindruck davon erhalten, wer ich bin. Mein Name ist Simone, und ich bin ein Workist. Oder zumindest ein Workist auf Entzug. Mein ganzes Leben lang wollte ich Journalist, Designer, Anwalt, Diplomat, Dichter und Shortstop bei den San Francisco Giants sein. Ich habe meine Karriere damit verbracht, eine Seelenpartnerin zu finden, welche die gleiche Berufung nach einem Job verspürt, der nicht nur die Rechnungen bezahlt, sondern auf einzigartige Weise reflektiert, wer ich bin.

Aber dieses Buch stellt nicht meine Memoiren dar. Auch, wenn mir das Thema sehr am Herzen liegt, wollte ich genauer unter die Lupe nehmen, wieso die Arbeit nicht nur für meine eigene, sondern für die Identität so vieler Menschen zentral geworden ist. Ich habe mehr als hundert Arbeiter und Angestellte befragt – von Unternehmensanwälten in Manhattan bis hin zu Fremdenführern, die mit Touristen Kajaktouren in Alaska unternehmen; von Eltern aus Kopenhagen, die zu Hause bleiben, um die Kinder zu erziehen, bis hin zu Leuten, die für Fastfood-Restaurants in Kalifornien arbeiten –, um die neun Menschen auszuwählen, deren Profile ich in den kommenden Kapiteln aufzeige. Ich beschloss aus zwei Gründen, mich hauptsächlich (aber nicht ausschließlich) auf die Geschichten von Büroangestellten in den Vereinigten Staaten zu konzentrieren.

Erstens befinden sich die USA mitten in einem landesweiten Trend, der sowohl Geschichte als auch Logik widerspricht. Im Verlauf der Geschichte korrelierte der Wohlstand der Menschen hauptsächlich damit, wie wenige Stunden sie arbeiteten. Je mehr Reichtum man besitzt, desto weniger arbeitet man, einfach weil man es sich eben leisten kann, nicht beruflich aktiv zu sein. Aber im Verlauf des letzten halben Jahrhunderts waren einige der Höchstverdiener für den größten *Zuwachs* an Arbeitszeit verantwortlich.[9] Dies bedeutet, die gleichen Amerikaner, die es sich leisten könnten, beruflich am wenigsten zu leisten, tun dies mehr als je zuvor.

Zweitens konzentrierte ich mich hauptsächlich auf Angestellte mit Bürojobs, weil sie am ehesten danach streben, in der Arbeit Lebenssinn und Identität zu finden. Dieses Phänomen gilt für Gutverdiener auf der ganzen Welt. Von Schweden bis Südkorea nennen wohlhabendere und gebildetere Erwachsene zweimal so häufig wie Niedrigverdiener oder Menschen ohne Hochschulabschluss ihre Arbeit als eine Quelle ihres Lebenssinns.[10] Neben anderen Gründen haben Gutverdiener seltener einen anderen Ursprung von Sinn in ihrem Leben, wie etwa einer organisierten Religion anzuhängen.

Aber auch wenn die Arbeitskultur die Berufstätigkeit als zentrale Achse betrachtet, um die der Rest des Lebens kreist, arbeiten die meisten Menschen auf der Welt nicht aus Gründen der Selbstaktualisierung, sondern um zu überleben. »Die Menschen, die lieben, was sie tun, können sich glücklich schätzen, Mann«, erzählte mir Hamza Taskeem, ein Koch, der seit 18 Jahren im selben pakistanischen Restaurant arbeitet. »Ich arbeite nur, um über die Runden zu kommen.«

Dennoch sind wenige Amerikaner immun gegen die *Kultur* des Workism in diesem Land. Unabhängig von der Gesellschaftsschicht kommentierte fast jeder von mir befragte Arbeiter den damit verbundenen Druck, wenn man in einem Land arbeitet, in dem Selbstwert und Arbeit so eng verbunden sind. Kapitalismus ist hier nicht nur ein Wirtschaftssystem, sondern auch eine Sozialphilosophie, derzufolge eine Person so wertvoll ist wie ihre Leistung. In den Vereinigten Staaten ist Produktivität mehr als ein Messwert, sie ist ein moralisches Gut.

Um den Workism in den USA heute zu verstehen, sollte man sich ansehen, wie wir dorthin gelangt sind. Vor 200 Jahren verfolgte fast niemand eine Karriere – zumindest nicht in der Form, wie wir heute Karrieren als Geschichte von Fortschritt und Wandel verstehen. Die meisten Amerikaner waren Farmer, so wie ihre Eltern und Großeltern. Die Arbeitsstunden eines Farmers bestimmt die Sonne, nicht ein Chef oder Algorithmus, der uns die Arbeitszeit vorgibt. Wie intensiv man tätig ist, hängt vom Zyklus der Jahreszeiten ab: Es ist anstrengend während der Ernte, man hat aber weniger zu tun im Winter. Aber die industrielle Revolution katapultierte uns in ein Zeitalter, in dem nicht mehr die Jahreszeiten und das Tageslicht die Produktivität definierten. Mitte des 19. Jahrhunderts schufteten Fabrikarbeiter regelmäßig Zehn- oder Zwölfstundenschichten, und das sechs oder sieben Tage die Woche.

Auch wenn heute »nine-to-five« ein Synonym für den Arbeitstag ist, waren die aktuellen Standards wie ein Achtstundentag, die Vierzigstundenwoche und das zweitägige Wochenende nicht immer die Norm. Die Arbeiterbewegung kämpfte hart, um all dies für die Beschäftigten zu erreichen. »Acht Stunden Arbeit, acht Stunden Schlaf, acht Stunden, wofür wir wollen«, stand auf den Schildern bei den Eröffnungsprotesten am 1. Mai 1886 in Chicago. Obwohl die Konventionen, wie, wann und warum wir arbeiten, seitdem zum Standard geworden sind, sind sie weder natürlich noch in Stein gemeißelt. Sie waren früher schon Gegenstand von Verhandlungen und können es wieder werden.

Eine weniger auf die Arbeit zentrierte Gesellschaft ist ein wiederkehrendes Element des amerikanischen Traums. In seinem Essay »Die ökonomischen Möglichkeiten unserer Enkelkinder« aus dem Jahr 1930 äußerte der Wirtschaftswissenschaftler John Maynard Keynes die berühmte Prognose, wir würden im Jahr 2030 nur noch 15 Stunden pro Woche arbeiten.[11] Keynes glaubte, eine der drängendsten Fragen des 21. Jahrhunderts würde lauten, wie wir unsere Freizeit verbringen. Und noch im Jahr 1965 führte der Kongress eine lange Anhörung durch, um über die Zwanzigstundenwoche zu diskutieren, die sicher unmittelbar vor der Tür stand.[12] Gewählte Politiker sorgten sich, die Amerikaner würden bis zum Jahr 2000 so viele Urlaubstage nehmen, dass wir unsere nationale Infrastruktur umstrukturieren müssten, um auf den Anstieg an Urlaubsreisen vorbereitet zu sein. Aber ach, die Fantasien von den Fünftagewochenenden und den Unmengen an Freizeit müssen sich leider erst noch verwirklichen.

Den Großteil des 20. Jahrhunderts sorgte der Druck durch die Gewerkschaften und der Anstieg an Produktivität durch technologischen Fortschritt *tatsächlich* dafür, dass sich die Arbeitsstunden des Durchschnittsamerikaners verringerten. Aber während andere Länder der industrialisierten Welt ihre Arbeitszeit weiter minderten, arbeiteten manche US-Bürger Ende des Jahrhunderts mehr als je zuvor. 1975 waren Amerikaner und Deutsche durchschnittlich dieselbe Zahl an Stunden beruflich tätig.[13] 2021 arbeiteten Amerikaner über 30 Prozent mehr.[14]

Es gibt viele mögliche Antworten auf die Frage, wieso die US-Bürger so verdammt viel arbeiten. Zum Teil sind wirtschaftliche Faktoren dafür verantwortlich. Stagnierende Löhne haben viele Arbeiter und Angestellte dazu gezwungen, mehr zu leisten, um denselben Laib Brot zu kaufen. Hinzu kommen politische Faktoren. In den 1950er-Jahren war einer von drei arbeitenden Amerikanern Mitglied in einer Gewerkschaft.[15] 2021 war diese Zahl auf einen von zehn gesunken, und viele Arbeiter gehören keiner Organisation mehr an, die bessere Bedingungen verlangen kann. Zudem gibt es ideologische Faktoren. Kapitalismus und die protestantische Arbeitsethik waren schließlich die zwei Stränge, die sich verbanden, um die DNA unseres Landes zu bilden.

Aber in den letzten Jahrzehnten haben die Vereinigten Staaten sich auch tiefgreifend kulturell verändert, was jeden dieser obigen Faktoren verstärkt. Zunehmend wird erwartet, dass die Arbeit ein Quell der persönlichen Erfüllung und des Lebenssinns sein sollte.[16] Nennen wir es die neue amerikanische Arbeitsethik.

Diese neue Ethik beeinflusste die Beziehung von Millionen von Menschen zur Arbeit. Statt ihren Beruf als Anstrengung zu begreifen, um solidarisch mit anderen in verschiedenen Rollen, Industrien und Gesellschaftsschichten zusammenzuarbeiten, sahen viele Büroangestellte ihre Tätigkeit zunehmend als eine Reflexion ihrer individuellen Leidenschaften und Identitäten. Wie der Soziologe Jamie K. McCallum in seinem Buch, *Worked Over: How Round-the-Clock Work Is Killing the American Dream*, schreibt: »Als Arbeit schmutzig war, war weniger mehr; jetzt, wo sie Bedeutung hat, ist mehr besser.«[17]

Der Buchtitel *Dein Job ist gut genug!* ist eine Anspielung an Kindererziehung nach dem Prinzip des »gut genug«, einer Theorie, die der britische Psychoanalytiker und Kinderarzt Donald Woods Winnicott in den 1950er-Jahren entwickelte. Er beobachtete, dass die Elternschaft zunehmend idealisiert wurde. Der perfekte Elternteil tat alles in seiner Macht Stehende, um jeglichen Schmerz vom Baby fernzuhalten. Und wenn ihr Baby irgendetwas Negatives ausdrückte, nahmen Mutter oder Vater dies persönlich.

Winnicott glaubte, Eltern und Kind würden von einem Ansatz profitieren, bei dem sie sich ausreichend bemühten, aber nicht nach Perfektion strebten. Der Elternteil, der »gut genug« ist, bietet im Vergleich zum perfekten Elternteil seine Unterstützung, aber auch genug Raum, in dem das Baby sich selbst beruhigen kann. Auf diese Weise entwickelt das Baby Resilienz, und die Eltern verlieren sich nicht selbst im Gemütszustand des Babys.

Eine ähnliche Idealisierung vollzieht sich am Arbeitsplatz. Verdammt, ich schreibe diesen Satz an einem »WeWork«-Arbeitsplatz, an dem »Tu immer, was du liebst« auf meiner Kaffeetasse steht. Angesichts dessen, wie viel wir arbeiten, ist unsere Auswahl dessen, was wir tun sollen – zumindest für uns, die wir über das Privileg verfügen, es uns aussuchen zu können –, eine unserer folgenschwersten Entscheidungen. Wieso nicht eine Karriere mit der gleichen Einstellung angehen, mit der wir nach unserem Lebenspartner suchen?

Kurz gesagt lautet die Antwort, dass es zu Leid führen kann, wenn man erwartet, die Arbeit solle immer erfüllend sein. Studien zufolge führt eine »leidenschaftliche Besessenheit« für den Beruf zu häufigeren Burn-outs und mehr Arbeitsstress.[18] Forscher fanden auch heraus, dass ein arbeitszentrierter Lebensstil in Ländern wie Japan ein Schlüsselfaktor für rekordverdächtig niedrige Geburtenraten ist.[19] Und bezüglich junger Menschen in den Vereinigten Staaten erklären die aufgeblähten Erwartungen an den beruflichen Erfolg die extrem hohen Raten an Depression und Angstzuständen.[20] Weltweit sterben mehr Personen jedes Jahr an Symptomen von Überarbeitung als an Malaria.[21]

Abgesehen von der Forschung wissen wir auch intuitiv, dass zu hohe Erwartungen garantiert zu Enttäuschungen führen. Wenn wir damit rechnen, dass uns die Arbeit zu Selbstaktualisierung verhilft – uns also konstant motiviert und erfüllt –, kann es sich wie Versagen anfühlen, wenn wir uns mit weniger zufriedengeben. Ein Job lässt sich genau wie ein Baby nicht immer kontrollieren. Sein Selbstwertgefühl an die Karriere zu ketten, ist ein gefährliches Spiel.

Es gibt aber keine einfache Lösung, etwa in Form von Desinteresse am eigenen Job. Im Durchschnitt verbringt man ein Drittel des Lebens – ungefähr 80.000 Stunden – mit Arbeit. Wie wir diese Zeit ausfüllen, ist von Bedeutung. Die Frage ist daher, wie wir das Streben nach einer sinnvollen Arbeit mit dem Risiko ausbalancieren, vom eigenen Job bestimmt zu werden.

Dafür können wir uns erneut der Weisheit Dr. Winnicotts bedienen. Verglichen mit Perfektion ist »gut genug« ein weit weniger rigides Ideal. Es romantisiert nicht, was ein Job bieten kann, und nimmt auch nicht hin, dass dieser nur eine ewige Quälerei sein muss. Gut genug ist eine Einladung, sich zu entscheiden, was angemessen bedeutet – die eigene Beziehung zur Arbeit zu definieren, ohne sich davon selbst definieren zu lassen.

In meinem letzten Jahr am College erhielt ich die Chance, meinen Lieblingsschriftsteller zu interviewen, einen Dichter namens Anis Mojgani. Damals war Mojgani auf dem Höhepunkt seines Schaffens und hatte gerade zwei Jahre in Folge den National Poetry Slam gewonnen. Mojgani war der erste Mensch, den ich je traf, der mit dem Schreiben und seinen Auftritten seinen Lebensunterhalt verdienen konnte. Er reiste um die Welt, um in Universitäten Vorträge zu halten und im Vorprogramm bei Konzerten aufzutreten. Ein echter Rockstar der Reime und mein berufliches Idol. Ich war ein 22-jähriger Poesiestudent, der sich gerade auf die Reise in eine unbekannte Zukunft begeben hatte. Ich war überzeugt, Mojgani würde mir den »Folge-deiner-Leidenschaft«-Motivationsvortrag halten, den ich meiner Meinung nach brauchte. Doch das tat er nicht.

Als ich Mojgani fragte, ob er an das Mantra des »Liebe, was du tust, und kein Tag deines Lebens wird Arbeit sein« glaubte, sagte er etwas, das ich nie vergessen werde: »Arbeit bleibt Arbeit. Einige Leute tun in der Arbeit, was sie lieben. Andere Menschen arbeiten, damit sie in der Freizeit tun können, was sie lieben. Keines von beiden ist edler.«

Der letzte Satz erschütterte mich. Bis zu diesem Tag hatte ich geglaubt, herauszufinden, was ich arbeiten wollte, sei die wichtigste Mission des Lebens. Ich hatte Annie Dillards berühmte Worte – »Wie wir unsere Tage verbringen, ist natürlich, wie wir unser Leben verbringen« – so interpretiert, dass mein gewählter Job nicht nur bestimmen würde, was ich tat, sondern wer ich sei. Aber hier war mein vergöttertes berufliches Idol nichts weniger als ein Berufsdichter, der mir sagte, es sei völlig in Ordnung, einer normalen Arbeit nachzugehen.

Ich erfuhr kürzlich, dass Dillards oft zitierter Satz nie zum Mantra für Workaholics oder eine Rechtfertigung für die endlose Jagd nach dem eigenen Traumjob werden sollte. Wenn man den Rest der Passage liest, aus der dieser Auszug stammt, will Dillard genau das Gegenteil sagen. »Was wir mit dieser und jener Stunde anfangen, ist, was wir tun«, schreibt sie.[22] »Das Leben des Geistes erfordert immer weniger; Zeit gibt es im Überfluss, und ihr Verstreichen ist süß.« Ihre Worte sind ein Aufruf, präsent zu sein, nicht nach der nächsten Beförderung zu schielen.

Ein von der Arbeit völlig eingenommenes Leben verdrängt andere Aspekte unseres Selbst. Mit den Worten der Psychotherapeutin Esther Perel, nehmen wir das Beste von uns mit in den Job und kommen mit den Resten wieder nach Hause.[23] Wenn wir all unsere

Energie für unser Berufsleben aufwenden, lassen wir die anderen Identitäten verkümmern, die in jedem von uns existieren – Ehepartner, Elternteil, Schwester, Nachbar, Freund, Bürger, Künstler, Reisende.

Ähnlich wie ein Investor davon profitiert, seine Kapitalanlagen zu diversifizieren, profitieren wir ebenfalls davon, die Quellen unserer Identität und unseres Lebenssinns zu diversifizieren. Sinn ist nichts, das uns einfach verliehen wird. Wir erschaffen ihn. Und wie bei vielen Schöpfungsakten erfordert dies Zeit und Energie – die Zeit, die man in Aktivitäten außerhalb der Arbeit investiert, und die Energie, um diese tatsächlich durchzuführen.

Dieses Buch ist folgendermaßen aufgebaut: In jedem Kapitel werden Sie jemanden aus einem anderen Wirtschaftsbereich kennenlernen – einen Koch mit einem Michelin-Stern, einen Wall-Street-Banker, einen Softwareingenieur, der in einem Bus auf einem Parkplatz vor dem Google-Firmensitz wohnt, um nur einige zu nennen. In jeder ihrer Geschichten werden wir einen genauen Blick auf einen verbreiteten Mythos werfen, der die moderne Arbeitskultur durchdringt. Von »Dieses Unternehmen ist wie eine Familie« bis zu »Tu, was du liebst, und kein Tag deines Lebens wird Arbeit sein« werden viele der Axiome der Arbeitswelt unscharf und farblos, wenn man sie näher unter die Lupe nimmt.

Dieses Buch unterscheidet sich insofern von anderen Karriereratgebern und Businessbüchern, die Sie vielleicht gelesen haben, als dass die verschiedenen Kapitel vor allem die Geschichten von Menschen erzählen. Sie werden keine Seiten finden, auf denen drei einfache Schritte stehen, wie Sie Ihren Selbstwert von der Arbeit abkoppeln oder zehn schnelle Tipps, wie Sie vermeiden, die ganze Nacht wach zu liegen, weil Sie über Ihren nächsten Leistungsbericht grübeln. Mein Ziel ist, dass Sie dieses Buch weniger wie eine Anleitung und mehr wie einen Spiegel behandeln. Daher hoffe ich, es regt Sie genauso an, wie es mich inspiriert hat, als ich es schrieb, um Ihre Beziehung zu Ihrem Job neu zu überdenken. Der Werdegang jeder einzelnen Person forderte meine eigenen Vorannahmen heraus und half mir, besser zu definieren, welche Rolle die Arbeit in meinem Leben spielen soll. Ich hoffe, das Gleiche trifft auch für Sie zu.

Die folgenden Geschichten leben im Spannungsfeld, die Arbeit als Mittel zum Zweck oder als ein Ziel für sich selbst zu sehen – wie es der Historiker Studs Terkel ausdrückte, die Suche nach »dem täglichen Sinn und dem täglichen Brot«.[24] Unsere Beziehung zur Arbeit zu definieren, ist ein anhaltender Prozess – etwas, mit dem wir jedes Mal ringen, wenn wir beschließen, eine weitere Stunde im Büro zu verbringen oder am Sonntag unsere E-Mails zu checken. Dieses Buch will Sie weder davon abhalten, Erfüllung in der Arbeit zu finden, noch Sie davon überzeugen, dass Ihr Job nur ein notwendiges Übel ist. Es ist eine Anleitung, um eine gesündere Beziehung zum Beruf zu entwickeln, indem man die Geschichten der Menschen liest, die sich um dieses Verhältnis bemüht haben.

Eine gesündere Beziehung zur Arbeit herzustellen, bedeutet nicht, einfach nur zu kündigen oder mit dem Stricken anzufangen.

Nicht jeder hat die Möglichkeit, seine Arbeitsstunden selbst festzulegen oder einfach einen anderen Beruf zu wählen. Was wir jedoch kontrollieren können, sind unsere Erwartungen an den Job. Wir können beschließen, die Arbeit dem Leben unterzuordnen und nicht andersherum. Das fängt damit an, dass wir einfach Folgendes akzeptieren: Wir sind nicht, was wir tun.

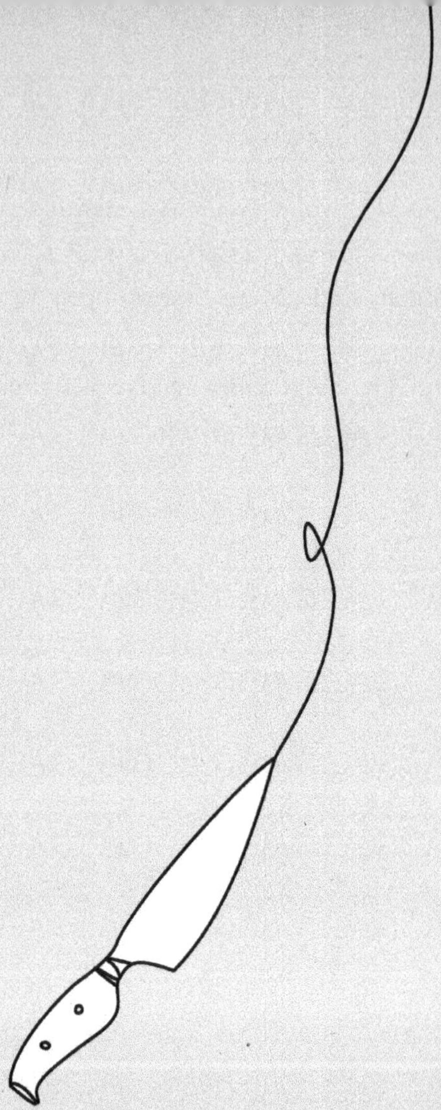

KAPITEL 1

Wenn Sie mich fragen*

Über den Mythos, dass wir sind, was wir tun

Genügsamkeit ist nicht zwei Schritte über der Armut oder einen Schritt unterhalb des Überflusses. Es ist kein Maßstab im Sinne von gerade genug zu haben oder mehr als genug zu haben. Genügsamkeit ist überhaupt kein Geldbetrag. Sie ist eine Erfahrung, ein Kontext, den wir erschaffen, eine Erklärung, das Wissen, dass genug vorhanden ist, und dass wir genug sind.[25]

– BRENÉ BROWN

Divya Singh saß in ihrem Schlafraum im College, als der Freund ihrer Mitbewohnerin etwas sagte, dass ihr Leben verändern sollte: »Du würdest keine Praktikantenstelle bei The Restaurant bekommen, selbst, wenn du es versuchen würdest.« Divya war 19 Jahre alt, stammte aus Indien und studierte an einer amerikani-

* Anmerkung des Autors: Dieses Kapitel basiert auf tatsächlichen Ereignissen. Die Namen und identifizierenden Eigenschaften der beteiligten Personen wurden geändert, um ihre Privatsphäre zu wahren. Zitate aus der Verhandlung vor dem Schiedsgericht sind dem Transkript entnommen. Das Team von Stephen Fischer hat jeden Kommentar zu den Vorgängen verweigert.

schen Kochschule. Sie hatte einen fransigen Pony und ein Grübchen auf der linken Wange. Das Studium hatte sie begonnen, um Ernährungsberaterin zu werden. Ihr Traum war es, Rezepte für ein Hochglanzmagazin wie *Bon Appétit* oder *Saveur* zu entwerfen, aber dieser Kommentar änderte alles. Cody, der Freund ihrer Mitbewohnerin, war ein hochgewachsener, selbstbewusster junger Mann aus dem Mittleren Westen, der auf bestem Weg zum Spitzenkoch war. Selbst als Student wirkte er prahlerisch, eine verbreitete Eigenschaft unter männlichen Köchen. Er konnte ja nicht ahnen, dass man Divya besser nicht sagte, was sie nicht erreichen konnte.

Jedes Jahr erhielt ein Student oder eine Studentin der Kochschule, die Divya und Cody besuchten, eine Praktikumsstelle bei The Restaurant, das damals als eines der besten in Amerika galt. Es hatte gerade drei Michelin-Sterne erhalten, eine weitere Auszeichnung für den berühmten Koch, Stephen Fischer, der direkt neben der Küche von The Restaurant wohnte.

Die Praktikumsstelle vergab Randy Garcia, ein Fakultätsmitglied an Divyas Kochschule, der bei The Restaurant gearbeitet hatte. Garcia bewertete, wie gut die Studierenden mit dem Messer umgehen konnten, sah sich ihre Referenzen von früheren Arbeitsstellen an und führte Interviews mit jedem Bewerber durch. Divya hatte noch nie in einem Nobelrestaurant gearbeitet. Aber nachdem sie sich auf The Restaurant festgelegt hatte, verbrachte sie die restlichen Abende und Wochenenden des Schuljahrs damit, in Speiselokalen der gehobenen Küche zu arbeiten.

Am Ende des Jahres bewarben sich Divya und Cody um die Praktikumsstelle bei The Restaurant. Divya erhielt die Stelle. Garcia erzählte mir, sie war die am besten vorbereitete Studentin, die er je für diese Stelle empfohlen hatte. Selbst nachdem sie den Job erhalten hatte, ging Divya weiter in Garcias Kurse, um zu üben, wie man Zwiebeln, Karotten und Sellerie schneidet, und sich auf den kommenden Sommer vorzubereiten.

The Restaurant ist der Inbegriff kulinarischen Könnens. Das malerische Ziegelgebäude war zur Jahrhundertwende ein Saloon, bevor es in den 1970er-Jahren ein Restaurant wurde. Als Fischer die Küche umbauen ließ, sagte er den Architekten, The Restaurant solle aussehen wie der Louvre – eine Mischung aus historischen und zeitgenössischen Elementen. Jedes Detail – von der himmelblauen Eingangstür bis zum »Sense-of-Urgency«-Schild, das über der Vacheron-Constantin-Wanduhr in der Küche hängt – trägt Fischers Handschrift. Das »Prix-Fixe«-Neun-Gänge-Menü kostet 350 Dollar pro Person.

Die meisten Küchen in Nobelrestaurants sind im sogenannten Brigadesystem organisiert, das ein französischer Koch im 19. Jahrhundert populär machte, der es wiederum der Hierarchie europäischer Militärküchen nachempfunden hatte. Der Chefkoch bellt die Befehle, die der Rest der Küchenbelegschaft pflichtgemäß erfüllt. Fischer, dessen Vater ein Marine war, implementierte das Brigadesystem in all seinen Restaurants. Als Assistenzköchin oder Jungköchin stand Divya am unteren Ende der Pyramide. Im ersten halben Jahr hieß es nur: »Ja, Chefkoch« oder »Nein, Chefkoch.«

Divyas Tage verstrichen in einem endlosen Reigen aus gehackten Estragonblättern und zerkleinerten Pfifferlingen. Die Köche untersuchten regelmäßig, wie symmetrisch die Jungköchin die Zutaten schnitt, und wenn es nicht ihren Standards genügte, wurde das Essen weggeworfen. Als Koch im The Restaurant zu arbeiten, war wie als Animator bei Pixar oder als Cellistin bei den Wiener Philharmonikern tätig zu sein – man gehörte zu den Besten der Besten, und das wirkte berauschend. Aber die Arbeit war anstrengend. »Die Zeit hier ist wie Hundejahre«, sagte mir ein ehemaliger Betriebsleiter. »Für jedes Jahr, das man hier arbeitet, verliert man sieben Lebensjahre.«

Am Ende des Praktikums bot man Divya an, weiter dort zu arbeiten, aber sie war nicht begeistert von der Monotonie, »im Akkord« zu kochen, und wollte ihren Schulabschluss machen. Also kehrte sie an die Schule zurück, um ihr Studium zu beenden, und plante, zu ihren eigenen Bedingungen ins The Restaurant zurückzukehren.

Mitte der Nullerjahre war die Molekulargastronomie der letzte Schrei. Divya hatte von europäischen Restaurants gelesen, die in ihren Küchen forschten und entwickelten, indem man dort Lebensmittelwissenschaft und Chemie einsetzte, um neue Kochtechniken zu kreieren. Weil The Restaurant jeden Tag die Speisekarte änderte, hatten die Köche oft keine Zeit, um mit den neuesten Techniken zu experimentieren. In ihrem Abschlussjahr an der Kochschule schrieb Divya also ihre eigene Stellenbeschreibung und wurde mit 21 als erste »Research-and-Development«-Köchin bei The Restaurant eingestellt. Einige Monate nach dem Abschluss war sie wieder in The Restaurant und experimentierte damit, Meerwasser-Sorbet herzustellen oder Béchamelsoße in Schaum zu verwandeln.

Als R&D-Köchin lag es unter anderem in Divyas Verantwortung, Speisen auf der Karte für Menschen mit Unverträglichkeiten zu entwickeln. Sie verbrachte Monate damit, milchfreie Alternativen für den bekannten Tapiokapudding und das Lauchsoufflé auf der Speisekarte von The Restaurant zu entwickeln. Die R&D-Küche befand sich in einem eigenen Gebäude, getrennt vom Hauptspeisesaal, aber gelegentlich wollten die Gäste von The Restaurant die Magierin hinter den milchfreien Köstlichkeiten kennenlernen. Einmal brach eine Frau, die seit sieben Jahren nichts mehr mit Milch gegessen hatte, in Tränen aus, als sie Divya beschrieb, was für ein Gefühl es gewesen war, in ihren milchfreien Brie zu beißen. Divya wusste, sie war auf der richtigen Spur.

Sie sah eine Geschäftsgelegenheit darin, das in der R&D-Küche bei The Restaurant Erlernte auch Menschen weiterzugeben, die zu Hause kochten. Die meisten milchfreien Alternativen nötigen Leute, die zu Hause ihr Essen zubereiten, dazu, ihre liebsten Familienrezepte substanziell zu ändern. Divyas Idee besagte, eine Reihe milchfreier Produkte herauszubringen, die man zu Hause in fast jedes Rezept integrieren konnte. Sie beschloss, die Produktlinie Prameer zu nennen – ein Wortspiel aus Paneer, was in Hindi Käse bedeutete.

Da Divya immer noch in The Restaurant angestellt war, wollte sie vermeiden, dass ihr Projekt einen Interessenkonflikt hervorrief. Sie vereinbarte ein Treffen mit Chefkoch Fischer, um seine Erlaubnis einzuholen, Prameer als unabhängiges Unternehmen zu starten.

Am Tag des Meetings trug Divya ihre gestärkte weiße Kochjacke, das Haar zu einem festen Pferdeschwanz gebunden. Divya und Fischer hatten sich noch nie persönlich getroffen. Ihr Herz raste, als sie sich vor seinem Büro auf die Picknickbank setzte und darauf wartete, dass er herauskam. Divya war 24, hatte vor nicht allzu langer Zeit die Kochschule abgeschlossen und würde sich gleich mit einem der weltweit angesehensten Köche treffen. *Wer bin ich schon, dass Stephen Fischer sich überhaupt für mich interessieren sollte?*, dachte sie.

Genau wie sie es für ihr Praktikum getan hatte, war Divya extrem gut vorbereitet. Sie hatte Forschungsergebnisse über die Trends beim milchfreien Backen dabei und Tabellen, auf denen sie die Konkurrenz analysiert hatte. Aber als der breitschultrige Fischer ins Freie trat und auf sie zukam, begrüßte er sie mit dem entwaffnenden Charme eines Collegeprofessors. »Kein Grund, nervös zu sein«, sagte er und lächelte. »Ich bin es nur.«

Nachdem sie ihm ihre Idee unterbreitet hatte, gab Fischer Divya nicht nur grünes Licht – er ging noch weiter. »Was, wenn ich Ihnen helfe?«, fragte er. Divya war schockiert. Sie war schon dankbar gewesen, dass er ihr nur eine halbe Stunde seiner Zeit geopfert hatte, aber jetzt wollte Stephen Fischer *ihr* helfen. »Für mich ist alles okay, aber ich würde Ihnen gerne helfen, denn Sie wirken wie eine engagierte, ehrgeizige Frau«, sagte er. »Wieso werden wir nicht Partner?« Divya war mit einer Idee in das Meeting gegangen und verließ es mit einem Geschäftspartner. Sie einigten sich auf eine Fifty-fifty-Partnerschaft.

In den nächsten paar Jahren nahm Fischer Divya unter die Fittiche. Obwohl er sehr beschäftigt war und mehrere mit Michelin-Sternen ausgezeichnete Restaurants betrieb, tat er alles, um für

Divya zur Verfügung zu stehen. Sie trafen sich regelmäßig, um sich über die Zukunft des Business zu unterhalten. Sie erschienen gemeinsam in den Hochglanzmagazinen, in denen Divya einst in ihren Träumen hatte arbeiten wollen. Divya leitete die Alltagsgeschäfte von Prameer, aber Fischer, der keine eigenen Kinder hatte, bot ihr Rat und Leitung. »Das war das erste Mal, dass ich einen Mentor hatte«, erzählte mir Divya. »Wie eine Vaterfigur.«

Eines Tages war Divya besonders in Sorge wegen des Geschäfts, also ging sie in Fischers Büro, das über einen kleinen Gartenweg erreichbar war, der von der Vordertür von The Restaurant dorthin führte. Nachdem sie mit ihm über ihre Sorgen gesprochen hatte, sagte er etwas, das sich für immer in Divyas Erinnerung eingrub: »Hey, ich wollte nur sagen, ich bin wirklich stolz auf dich.« Nach dem Treffen ging sie zu ihrem Wagen, der auf dem Parkplatz stand. Als sie eingestiegen war, und sich unbeobachtet fühlte, musste sie weinen. Niemand hatte je so etwas zu ihr gesagt.

Während Prameer wuchs, wurde Divya als CEO selbstsicherer. Sie hatte die Produkte entwickelt, die Marke geschaffen und leitete ein Team mit einem halben Dutzend Mitarbeitern. Das Produkt wurde überall positiv besprochen, als es in den Verkaufsregalen erschien; von Food-Blogs, die sich mit milchfreien Produkten befassten, bis hin zu *The New York Times*.

Im folgenden Jahr stand Divya mit 26 Jahren auf der Liste der jährlichen »30 Under 30« des Magazins *Forbes*. Das Unternehmen wuchs rasch. Es belieferte Hunderte von Geschäften im ganzen Land, und die Produktlinie wurde auf milchfreie Eiskrem und Joghurt erweitert.

Aber mit dem Wachstum wurde auch die Beziehung zwischen Divya und Fischer zunehmend angespannter. Nachdem das Geschäft Fahrt aufgenommen hatte, zog sich Fischer zurück, und Divya musste ihn über den CFO der Restaurantkette kontaktieren. Sie strebte eine Finanzierung von Investoren an, die Erfahrung mit Verbrauchsgütern und den zugehörigen Marken hatten, aber Fischer wollte keine Verwässerung der Besitzverhältnisse des Unternehmens. Für jeden Investor, den sie an Bord holten, hätten Divya und Fischer einen Teil ihrer Vollmachten abgeben müssen.

Stattdessen stellte das Unternehmen ein neues Mitglied des Leitungsteams ein, einen Mann in mittleren Jahren, der Erfahrung mit großen Marken gesammelt hatte und in der Lebensmittelbranche tätig war. Divya und der neue Kollege kamen nicht gut miteinander aus. Sie hatte den Eindruck, er behandle sie von oben herab und vertraute ihrer Führungskompetenz als CEO nicht. Aber als Divya vorschlug, ihn zu entlassen, nannte Fischer sie ein »ungezogenes Gör«.

Sechs Jahre später lief das Geschäft von Prameer so gut wie nie, aber Divya ging es nicht gut damit. Das Unternehmen dehnte sich auf große Handelsketten wie Whole Foods und Costco aus. Aber Divya fühlte sich von Fischer distanziert und erschöpft durch die Zeit und den Aufwand, den sie ins Unternehmen gesteckt hatte. Sie suchte nach Unterstützung von erfahrenen Lebensmittelunternehmern, aber jedes Mal, wenn sie einen potenziellen Berater in die Firma holen wollte, lehnte Fischer sie ab. Er begriff nicht, warum

Divya sich Rat außerhalb des inneren Kreises von The Restaurant holen wollte, und sie verstand nicht, wieso er die Unterstützung ablehnte, die dem Unternehmen zu mehr Wachstum verhelfen konnte.

Divya und ihr Team versuchten erneut, das Geschäft auszuweiten, und entwickelten einen Eiersatz. Die Firma unterzeichnete Verträge mit Handelsketten und begann mit der Produktion, aber weniger als zwei Monate vor dem Launch bekam Fischer kalte Füße. Er war nicht zufrieden mit dem Verpackungsdesign des neuen Produkts, das nicht mehr die Verbindung des Unternehmens zu The Restaurant betonte – eine Entscheidung, die Divya getroffen hatte, um neue Kunden anzulocken.

Fischer beschloss, sein Veto gegen die Idee mit dem Eiersatz einzulegen. Dies war für Divya der Tropfen, der das Fass zum Überlaufen brachte. Sie rief nacheinander die Einzelhandelsketten und Großhändler an, mit denen sie seit Monaten verhandelt hatte. So sehr sie auch hatte glauben wollen, dass es ihr Unternehmen war, hatte es doch nie ganz ihr gehört. Divya vereinbarte ein Treffen mit Fischer, um zu kündigen.

Bei diesem Treffen teilte sie Fischer mit, ihr sei die Leidenschaft verloren gegangen, die sie dazu veranlasst hatte, Prameer zu gründen. Und auch, wenn es eine schwierige Entscheidung war, wollte sie das Unternehmen verlassen. Nun lernte Divya eine ihr bislang unbekannte Seite von Fischer kennen. Er sagte ihr, sie sei undankbar und sie verschwende die Chance, die er ihr geboten hatte. Er wurde laut und kniff die Augen zusammen. »Du weißt hoffentlich, dass du ohne mich ein Nichts wärst«, sagte er. »Du wärst ein Niemand. Du würdest immer noch in der Küche arbeiten.«

Zum Teil glaubte Divya ihm. Selbst als ihr Geschäftspartner und Mentor sie niedermachte, fühlte sie sich ihm, aufgrund seiner Unterstützung, immer noch verpflichtet. Sie stimmte selbst nach ihrer Kündigung zu, einige Monate weiter für das Unternehmen zu arbeiten. Sie war Fischer immer noch dankbar für seine Mentorschaft und seine Freundlichkeit. »Das war jahrelang meine Einstellung«, erzählte sie mir. »Und ich glaube, das hat in vielerlei Hinsicht einen blinden Fleck erzeugt … Ich war blind, weil ich das Gefühl hatte, dieser Person so viel zu verdanken.«

Nachdem sie Prameer sieben Jahre lang von einer Idee in ein erfolgreiches Business verwandelt hatte, verließ Divya schließlich das Unternehmen. Zuerst fiel ihr der Übergang schwer. »Ich empfand dieses klaffende Loch in meiner Identität«, berichtete sie mir. »Ich wusste nicht, wer ich ohne diesen Job war.« Sie war so ausgelaugt, dass sie sich körperlich nicht in der Lage fühlte, irgendetwas anderes zu tun. Aber während dieser Periode, in der sie nicht arbeitete, baute Divya unwillkürlich ihr eigenes Selbstwertgefühl wieder auf.

Sie reiste sechs Wochen allein durch Thailand, wo niemand sie als die rechte Hand von Stephen Fischer kannte. Als sie nach Hause zurückkehrte, vertiefte sie sich mehr in die Hobbys, denen sie sich in den sieben Jahren, als sie das Business aufbaute, nicht gewidmet hatte. Sie verbrachte die Wochenenden beim Camping in den Redwood-Wäldern, und unter der Woche surfte sie an der Küste. Sie brachte sich selbst das Skateboardfahren bei und entdeckte die Freude wieder, nur zum Spaß zu kochen.

»Ich entwickelte mich in vielfältiger Weise weiter«, erzählte sie mir, »denn ich hatte nun den Raum dafür.« Sie war keine Arbeiterin mehr. Sie war Skateboarderin und Zeichnerin, baute eine Community auf und spielte als Dreißigjährige anderen Streiche. Sie liebte es, ihre Freunde an unbekannte Orte in der ganzen Stadt zu entführen, ging in Halloweenkostümen zum Klettern und zeigte den anderen Bewohnern ihres Hauses, wie man Samosas zubereitete.

Die psychologische Forschung belegt, dass wir besser mit Rückschlägen umgehen können, wenn wir wie Divya auf vielfältige Weise etwas in die verschiedenen Seiten unserer Persönlichkeit investieren. Im Gegensatz dazu werden wir immer weniger resilient angesichts von Veränderungen, je mehr wir uns von einem Teil unseres Selbst definieren lassen. In einer Studie stellte Patricia Linville zum Beispiel fest, dass Testpersonen mit einer differenzierteren Sicht auf sich selbst – etwas, dass sie größere »Selbstkomplexität« nennt –, weniger anfällig für Depressionen und körperliche Krankheiten infolge eines stressigen Ereignisses waren.[26] Wenn Menschen mit weniger Selbstkomplexität etwas Belastendes erlebten, »griff« der Stress eher auf andere Teile ihres Lebens »über«.

Dies leuchtet uns intuitiv ein. Wenn unsere Identität völlig an einen Aspekt unseres Daseins geknüpft ist – ob das unser Job, unser Gesamtvermögen oder unser »Erfolg« als Elternteil ist –, kann ein Stolperstein, selbst wenn wir ihn nicht kontrollieren können, unser gesamtes Selbstvertrauen zerstören. Aber wenn Sie umfassendere

Selbstkomplexität kultivieren und spezifische Quellen von Bedeutung, werden Sie besser aufgestellt sein, um die unvermeidlichen Herausforderungen des Lebens zu bewältigen.

Sich zu sehr mit nur einem Aspekt Ihres Selbst zu identifizieren, kann sogar gefährlich sein. Ein Beispiel ist Junior Seau, ein Linebacker, der 20 Jahre in der National Football League spielte. Er führte sein Team, die San Diego Chargers, zum Sieg beim Super Bowl und wurde rekordwürdige zwölfmal für den »Pro Bowl« nominiert. Aber weniger als drei Jahre, nachdem er sich zur Ruhe gesetzt hatte, beging Seau tragischerweise Selbstmord.

»Wenn man als Athlet aufwächst und in einer Welt lebt, die einen die ganze Zeit bejubelt … nimmt das Ausmaß an Lob, das man erhält, mit der Zeit zu«, sagte Miles McPherson, ein Teamkamerad von Seau, nach seinem Tod zu ESPN.[27] »All das hört eines Tages auf. Aber der eigene Körper, der Verstand und das Herz sind noch auf diesen hohen Pegel an Aufregung konditioniert, auf den Adrenalinrausch, die Herausforderung und dann ist es, als würde man einen kalten Entzug machen.«*

Leider ist Seaus Geschichte kein Einzelfall. Von Profisportlern bis zu Militärveteranen, von CEOs bis zu Supermodels, der Verlust der beruflichen Identität ist oft ein Schock – besonders, wenn man nicht die Zeit hatte oder den Aufwand betrieben hat, seinen Lebenssinn aus anderen Quellen zu schöpfen.

---

* Nach Seaus Tod ergab die Autopsie, dass er außerdem unter chronisch-traumatischer Enzephalopathie (CTE) gelitten hatte, einer degenerativen Hirnerkrankung, die mit wiederholten Schlägen gegen den Kopf in Verbindung gebracht wird.

Sich von Prameer zurückzuziehen, war für Divya nicht nur deswegen wichtig, weil es ihr die Gelegenheit gab, sich auszuruhen und sich vom Stress zu erholen, der mit der Leitung eines Unternehmens einhergeht. Es ermöglichte ihr auch, zu erforschen, wer sie außerhalb eines Arbeitskontextes war. Sie befreite sich langsam davon, ständig an Prameer zu denken sowie vom Wunsch, die Anerkennung Fischers zu erhalten. Aber ein überraschender Anruf eines Kollegen unterbrach diesen Heilungsprozess.

Nach Prameer hatte Divya mit einem Rechtsberater zusammengearbeitet, der über Erfahrung in der Lebensmittel- und Getränkeindustrie verfügte. Er hatte ihre Unterlagen durchgesehen, inklusive ihres K-1-Formulars, ein Steuerformular, das die finanziellen Details der Geschäftspartnerschaft enthielt, als er etwas Bemerkenswertes feststellte. »Das Formular besagt, dass Sie zu null Prozent an Prameer beteiligt sind«, sagte er ihr am Telefon. »Es sieht aus, als hätte Stephen Sie hinausgedrängt.«

Divya dachte, da müsse ein Fehler vorliegen. Vor einer Woche erst hatte sich Fischer bei ihr gemeldet und ihr alles Gute zum Geburtstag gewünscht. In den Zeitungen hatte er stets betont, dass er und Divya Partner waren. Sie hatte sieben Jahre ihres Lebens – fast die gesamte Zeit zwischen 20 und 30 – damit verbracht, das Unternehmen aus dem Nichts aufzubauen. Von Beginn an hatten ihr 50 Prozent der Firma gehört.

Während sie auf einem windigen Bahnhof stand, rief Divya Fischer an. »Könnte da ein Fehler im K-1-Formular sein?«, fragte sie ihn.

»Nein«, erwiderte er ruhig. »Du bist gegangen, und wir mussten das Unternehmen refinanzieren.«

»Wie konntest du mich so rausdrängen?«, fragte sie. »Wie konntest du mir die Firma wegnehmen, die ich aufgebaut habe, mit meinem Blut, Schweiß und Tränen?«

»Es tut mir leid, Divya«, sagte er. »Das ist eben das Business.«

Aber für Divya war ihre Partnerschaft weit mehr als nur Business gewesen. Fischer war ihr erster Mentor gewesen. Selbst als sie sich gestritten hatten, hatte sie ihn stets mit Respekt behandelt, wie es ein Hilfskoch mit dem Chef de Cuisine tun würde. Aber diese fünf Worte, »Das ist eben das Business«, hatten das Bild von dem Mann, den sie ihre gesamte Karriere über als Idol gesehen hatte, völlig zerstört; der Mann, dessen Michelin-Sterne an der Dunstabzugshaube seiner Küche hingen; der Mann, von dem sie geglaubt hatte, sie könne sich bedingungslos auf ihn verlassen. Er war für sie wie Familie gewesen, bis es damit plötzlich vorbei war.

»Stephen, du solltest etwas über mich wissen, ich gebe nicht so einfach auf«, sagte Divya mit der gleichen Entschlossenheit, die sie damals bei Cody in ihrem Schlafsaal vor zehn Jahren empfunden hatte.

»Ist das eine Drohung?«, fragte er.

»Nein, ich will nur, dass du es weißt.«

Das war ihre letzte Unterhaltung, bis sie sich vor dem Schiedsgericht wiedersahen.

Ein Richter, eine Stenografin, zwei Anwaltsteams und der CFO der Restaurantkette setzten sich mit Divya zusammen um den langen

Holztisch. Divya war die einzige Person in diesem Raum des Schiedsgerichts, die nicht im mittleren Alter und weiß war. Fischer kam als Letzter. Er trug einen blauen Anzug und ein Halstuch und ging direkt zum Richter, als würde er einen prominenten Gast begrüßen, der bei ihm zum Dinner war. Wie ein guter Gastgeber schüttelte Fischer jedem die Hand, bevor er sich setzte.

Es war über ein Jahr her, seitdem sie das Telefongespräch auf dem Bahnsteig geführt hatte. Danach hatte Divya mehrere Anwälte kontaktiert, um jemanden zu finden, der sie vertreten würde. Wieder und wieder hatte sie dieselbe Antwort erhalten: »Wollen Sie das wirklich tun? Ein Rechtsstreit ist mühselig und niemand gewinnt dabei.« Aber Divya war wildentschlossen. Ihre Mutter sagte immer über sie: »Divya hat bestimmte Grenzen. Wenn man die überschreitet, viel Glück dabei, sie wieder zu besänftigen.«

Sie fand schließlich einen Anwalt, der bereit war, ihren Fall auf einer »No-win-no-fee«-Basis zu übernehmen, er würde also nur Geld dabei verdienen, wenn sie gewännen. Dennoch musste sie ihr Erspartes für den Rechtstreit einsetzen, Experten als Zeugen anheuern und die verschiedenen anderen Kosten tragen, die es erforderte, sich vor dem Starkoch zu schützen. Während sie Prameer in den Anfangsjahren aufgebaut hatte, hatte sie sich selbst nur ein sehr bescheidenes Gehalt gezahlt – besonderes verglichen mit dem, was andere CEOs verdienten. Jetzt musste sie alles, was sie hatte, in dieses Verfahren stecken.

Der Vorgang nahm fünf Tage in Anspruch. Jede Seite brachte die eigenen Finanzexperten mit, und Fischers Team bewertete Divyas Anteile weit niedriger als die Zahlen, die ihr Team nannte. Die

Anwälte präsentierten ihre Argumente, wühlten sich gewissenhaft durch E-Mail-Ausdrucke der letzten fünf Jahre und durch die Unterlagen des Unternehmens. Divya und Fischer wurden befragt und stundenlang ins Kreuzverhör genommen. Wenn sie nicht gerade vor den anderen standen, saßen sich Divya und Fischer am Tisch direkt gegenüber, als wären sie zusammen beim Essen.

Divyas Anwälte waren der Meinung, Fischer habe keinen Grund, ihren Anteil am Unternehmen zu verringern, und er habe nur so gehandelt, weil er dachte, damit durchzukommen. Sie vertraten die Ansicht, Divya sollte ausgezahlt werden, aufgrund ihres ökonomischen Anteils an Prameer sowie aufgrund des Schadens, den Fischers Verhalten verursacht hatte. Seine Anwälte argumentierten, dass die Kapitalverwässerung nötig war, um mehr Kapital in das Unternehmen zu stecken. Sie meinten, Divyas Besitzanteil sei nicht annähernd so viel wert, wie ihr Team behauptete. Aber letztlich stand Fischers Wort gegen Divyas. Damals war gerade die Kontroverse über die Anhörung von Brett Kavanaugh das Thema der Stunde – ein weiterer Fall, in dem Wort gegen Wort stand – und bestimmte die Schlagzeilen. Aber für diese Woche am Ende des Sommers 2018 waren die vier Wände eines Raums im Schiedsgericht Divyas und Fischers ganze Welt.

Irgendwann während der Befragung unterbrach Fischer Divyas Anwalt. »Sie tun so, als wäre sie ein naives kleines Mädchen«, meinte Fischer. »[da sie] brillant genug war, ein Produkt zu entwickeln, das es vorher noch nie gegeben hatte, verfügte sie sicher über einen analytischen Verstand und war in der Lage, ein rechtliches Dokument zu entziffern.« Das war derselbe Fischer, der sich an dem Tag gezeigt hatte, als er ihr sagte, sie würde ohne ihn immer noch in der Küche arbeiten. Einen kurzen Moment bekam die Fassade des Michelin-Stern-Charismas einen Riss.

Eine Woche später erhielt Divya eine bittersüße Nachricht. Sie hatte den Fall gewonnen, aber statt ausgezahlt zu werden, hatte der Richter entschieden, ihren Anteil von 50 Prozent am Unternehmen wiederherzustellen, was sie wieder an Fischer band. Nach einem Jahrzehnt, das sie für Prameer aufgewendet hatte, wollte Divya dieses Kapitel ein für alle Mal hinter sich lassen. Letztlich einigten sie und Fischer sich auf einen Weg, wie sie Prameer verlassen konnte. Das gab Divya zwar nicht die investierte Zeit zurück, aber wenigstens war sie endlich frei.

Ich habe Divya kürzlich zu Hause besucht. Sie wohnt in einer Genossenschaft mit 14 Personen in Portland. Das Haus ist eine umgebaute viktorianische Villa mit einem Dutzend Schlafzimmer an einer baumbestandenen Straße zwei Häuserblöcke vom Mount Tabor Park entfernt. Divyas Mitbewohner sind unterschiedlich alt und haben verschiedene Hintergründe. Dazu gehören ein 40-jähriger Klimaaktivist, ein 29-jähriger Filmemacher und ein Zweijähriger namens Walden. Die Genossenschaft kauft gemeinsam Lebensmittel für alle, und alle zwei Wochen findet ein »Familiendinner« statt, bei dem die Mitbewohner alle zusammen an einem knorrigen Eichentisch im Esszimmer sitzen. An diesem Abend war Divya mit Kochen dran. Als sie den knusprig gerösteten Blumenkohl und Brokkoli aus dem Ofen der Gemeinschaftsküche holte, fragte ich sie, welche Lektion sie hoffte, den Menschen durch ihre Geschichte mit auf den Weg zu geben.

»Ich will die Menschen daran erinnern, dass man einen Wert außerhalb der Arbeit schaffen muss, um sich selbst zu schützen«, sagte sie und stellte das geröstete Gemüse auf die Arbeitsfläche. Bevor sie Prameer verließ, glaubte Divya, ihr Wert als Mensch sei an ihren Wert als Arbeitskraft geknüpft – dass er ein Resultat ihrer Bekanntheit, ihres Reichtums oder ihrer Verbindung zu Fischer war. »Auf diese Art kommt es zu Missbrauch«, sagte sie mir. »Grenzen werden wieder und wieder überschritten, weil man den eigenen Wert nicht kennt.«

Während Divya mit der Routine der erfahrenen Köchin den Parmesan über das Gemüse rieb, fragte ich sie, was ihr am lebhaftesten vor Augen stand, wenn sie sich an die Zeit erinnerte, seitdem sie bei The Restaurant angefangen hatte, bis zu dem Moment, als sie schließlich über ein Jahrzehnt später die finanzielle Verbindung zu Fischer kappte. Zuerst überraschte mich ihre Antwort. Es war nicht der Moment, als sie hörte, dass sie die Praktikumsstelle erhalten hatte; erfahren hatte, dass Fischer bei Prameer Partner sein wollte; auf der *Forbes*-Liste der »30 Under 30« erschien oder den Fall vor dem Schiedsgericht gewonnen hatte. Was ihr am deutlichsten im Gedächtnis geblieben war, war die kurze Periode, nachdem sie die Firma verlassen und *gar nicht* gearbeitet hatte – als ihre Identität überhaupt nicht an ihre Karriere geknüpft gewesen war.

Wie Divyas Geschichte zeigt, lässt eine Existenz, die sich um die Arbeit dreht, wenig Raum für etwas anderes. All die Jahre, in denen sie Prameer aufbaute, investierte sie nicht nur ihre wertvollsten Stunden, sondern auch ihre kostbare Energie. Aber niemanden definiert nur eine Sache. Wir sind Arbeiter, aber auch Geschwister und Bürger, wir gehen Hobbys nach und sind Nachbarn. Dadurch sind Identitäten ähnlich wie Pflanzen: Sie brauchen Zeit und Zuwendung, um zu wachsen. Wenn wir nicht bewusst entscheiden, sie zu wässern, können sie leicht verwelken.

Die eigene Identität zu diversifizieren, beinhaltet mehr, als nur den Schock zu mindern, wenn wir unseren Job verlieren. Wir sollten unsere Identität diversifizieren, weil wir dadurch eine abgerundete Persönlichkeit formen. Es ermöglicht uns, in vielfältiger Weise etwas zur Welt um uns herum beizutragen und ein Selbstwertgefühl zu entwickeln, das über den ökonomischen Wert hinausgeht, den wir produzieren. Und ironischerweise zeigt die Forschung, dass Menschen mit Hobbys, Interessen und Leidenschaften außerhalb der Arbeit auch im Job produktiver sind.[28]

Als wir an diesem Abend in der Küche saßen, war klar, dass Divya durch das Leben in der Gemeinschaft ihre Identität kultiviert hatte. Sie hatte kürzlich mit ihren Mitbewohnern ein Musikfestival besucht und für die Feiertage einen Handwerk- und Kunstabend organisiert. In einer Ecke ihres Zimmers hatte sie eine Tee-Lounge eingerichtet, wo jeder sich nach Lust und Laune aufhalten konnte. Ihre Mitbewohner schätzten sie für weit mehr als nur ihre berufliche Position, den Erfolg ihres Unternehmens oder ihre Bekanntschaft mit Stephen Fischer. Sie sahen sie als talentierte Köchin, Outdoor-Fan, kreative Partyplanerin und großzügige Freundin.

Mittlerweile arbeitet Divya wieder. Sie ist Mitgründerin eines weiteren Lebensmittelunternehmens und hat kürzlich vier Millionen Dollar durch Seed-Funding aufgebracht. Als ich sie fragte, wie sich ihr erneuter Vorstoß ins Unternehmertum vom vorherigen unterscheidet, musste sie nicht lange nachdenken.

»Ich kenne meinen Wert«, sagte sie, »denn ich habe meine Identität außerhalb der Arbeit entwickelt, und es sind bestimmte Kosten damit verbunden, wenn die Arbeit einen Teil davon beansprucht – wenn es mich einen zu großen Teil meiner Identität und meines Lebens kostet, weiß ich, dass es das nicht wert ist.«

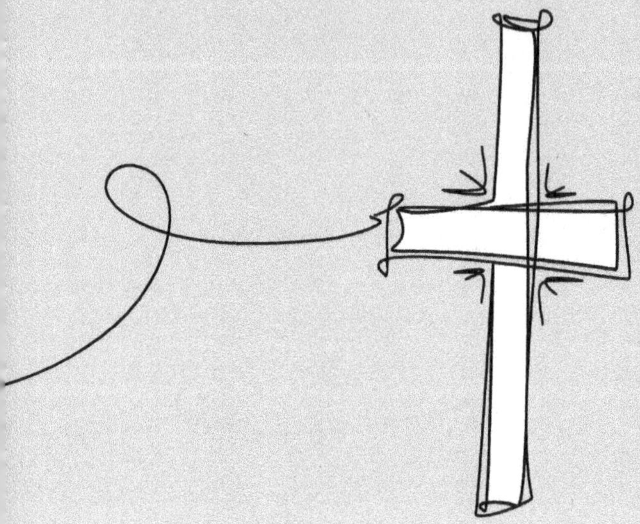

KAPITEL 2

Die Religion des Workism

Über den Mythos, dass Ihre Arbeit Ihr Gott sein kann

Wir können gar nicht anders, als etwas zu verehren. Jeder verehrt etwas.
Wir haben einzig die Wahl, was wir verehren.[29]

— DAVID FOSTER WALLACE

Als er die Tabelle sah, begannen Ryan Burges Hände zu zittern. Das war ein Zeichen. Jedes Mal, wenn seine Hände zitterten, wusste er, dass er etwas Großem auf der Spur war. Es war der 19. März 2019, der Tag, an dem der General Society Survey seine Daten von 2018 veröffentlichte. Seit 1972 hatte der GSS Daten über Trends in der amerikanischen Gesellschaft gesammelt – von politischen Ansichten bis hin zur Frage, ob man an Gott glaubt. Angesichts der Längsschnittdaten eines halben Jahrhunderts ist das eine wahre Goldgrube für Sozialwissenschaftler wie Ryan.

Er interessierte sich besonders dafür, was die neuen Daten über sein Spezialgebiet aussagen würden: Trends in den organisierten Religionen. Historisch betrachtet, gehörte die überwiegende Mehrheit der Amerikaner einer religiösen Gruppe an. 1990 bezeichneten sich nur etwa 7 Prozent der Amerikaner als atheistisch oder agnostisch oder sagten aus, an nichts Bestimmtes zu glauben.[30] Aber in jüngster Zeit hat sich das gewandelt. Die beliebtesten Religionen des Landes verloren alle Anhänger, während die »nones« – der Oberbegriff für diejenigen, die keiner organisierten Religion angehören – stets mehr wurden.

Ryan hat ein rundes Gesicht und kurz geschnittene braune Haare. Aber sein jungenhaftes Äußeres täuscht über die Weisheit hinweg, die er in seinen 39 Jahren auf diesem Planeten angesammelt hat. Er redet so schnell, dass es sich anhört wie ein Hörbuch in doppelter Geschwindigkeit, seine Gedanken rasen oft schneller dahin, als sein Mund Schritt halten kann. Wenn er über seine Forschungsmethoden spricht, hört er sich so begeistert an, wie Menschen, die über ihre Kinder oder ihr Lieblingssportteam reden. Der Tag, an dem GSS neue Daten veröffentlicht, ist für Ryan wie der Super Bowl.

Ryan hatte den ganzen Tag fieberhaft darauf gewartet, was die Daten zeigen würden. Als er die 170 Kilometer von der Universität, an der er unterrichtet, nach Mount Vernon, Illinois, fuhr, wo er wohnt, plante er schon, mit welchen Formeln er die Zahlen analysieren wollte. Als er ankam, machte er für seine zwei jungen Söhne Sandwiches mit Erdnussbutter und Gelee und ließ ihnen zusammen mit seiner Frau eine Badewanne ein, während er schon die Minuten zählte, bis er sich in sein Homeoffice im Keller zurückziehen konnte.

Er wusste genau, was er herausfinden wollte: wie sich der Umgang der Menschen mit den sieben großen Religionen in den Vereinigten Staaten in den letzten zwei Jahren verändert hatte. Nachdem er die Zahlen analysiert hatte, sah er es sofort: Zum ersten Mal gab es mehr Personen, die aussagten, keiner Religion anzugehören, als »Evangelikale« oder »Katholiken«. Das bedeutete, dass diejenigen ohne Religionszugehörigkeit nun die größte religiöse Gruppe in Amerika stellten – fast ein Viertel der Bevölkerung. In diesem Moment begannen seine Hände zu zittern.

Ryan hastete die Treppe hinauf, um seine Jungs nach ihrem Bad abzutrocknen und kehrte dann in sein Büro zurück. *Das muss veröffentlicht werden*, dachte er. Um 20:48 Uhr twitterte er ein Diagramm, das den Anstieg der »nones« seinen 600 Twitter-Followern zeigte und las dann seinen Söhnen eine Geschichte zum Einschlafen vor. Bis die Jungs schliefen, war das Diagramm schon viral gegangen.

Ryans Diagramm schaffte es auf die Startseite von Reddit und erhielt mehr als 2000 Kommentare.[31] *The New York Post* und *The Washington Post* brachten die Story. Dass die Zahl der Menschen ohne Religionszugehörigkeit gestiegen war, war eine landesweite Schlagzeile, und Ryan Burge, ein Akademiker aus einer Kleinstadt im ländlichen Illinois, war der Mittelpunkt dieser Geschichte.

Aber für Ryan war die Untersuchung dieser Trends der amerikanischen Religiosität nicht nur eine berufliche Angelegenheit. Denn abgesehen davon, dass er Professor war, war er auch Pastor einer kleinen Kirche in Mount Vernon, der First Baptist Church. Als ich ihn fragte, wie seine Antwort auf die Frage »Was tun Sie?« lauten würde, vermied er eine direkte Antwort. »Das ist meine Lebensgeschichte«, sagte er. »Ich habe nie wirklich irgendwo reingepasst. Ich bin immer ein wenig zu viel von der einen Rolle, um in die andere zu passen.«

Anders als viele andere Pastoren schloss sich Ryan dem Klerus an, um Geld zu verdienen. Während seines zweiten Studienjahrs fand er keinen Ferienjob. Als er von einer Arbeitsstelle in einer Kirche hörte, nur knapp 35 Kilometer von seinem Wohnort entfernt, meldete er sich dort für eine Ausbildung zum Jugendpastor an. Nachdem er diese absolviert hatte, arbeitete er als Schalterangestellter in einer Bank, ertrug aber die Monotonie nicht, also beschloss er, einen Abschluss in Politikwissenschaften zu machen. Als er auf dem Graduiertenkolleg war, nahm er eine Stelle als Pastor in einer kleinen Kirche an, die etwa 30 Rentner besuchten, bevor er sich im zarten Alter von 23 der First Baptist Church anschloss. Ryan predigte dort die letzten 17 Jahre.

Mount Vernon ist eine Kleinstadt mit 15.000 Einwohnern im südlichen Illinois und liegt näher an St. Louis als an Chicago. Die wichtigsten Arbeitgeber der Stadt sind ein Reifenhersteller, ein Umschlagzentrum von Walgreens und ein katholisches Krankenhaus mit dem Namen »Der gute Samariter«. Die First Baptist Church steht auf einem großen gepflegten Grundstück am Stadtrand. Der Kirchenbau mit dem Turm ist verschiefert, und das Allerheiligste hat eine Holzdecke und sieht aus wie ein Schiffsbug.

Die Geschichte der First Baptist Church gleicht der Geschichte Tausender Kirchen des protestantischen Mainstreams im ganzen

Land – es ist eine Story des Niedergangs. Als Ryan 2006 Pastor wurde, kamen regelmäßig 50 Menschen am Sonntag zum Gottesdienst, und zu Weihnachten und Ostern war jeder der 300 Plätze im Kirchenschiff besetzt. An mehreren Tagen pro Woche gab es eine Bibelstunde, Wohltätigkeitsveranstaltungen und Nachbarschaftstreffen. Die Kirche war ein sozialer und philanthropischer Stützpfeiler der Stadt.

Heute kommen nur ein Dutzend regelmäßige Gottesdienstbesucher in die First Baptist. Die heilige Messe findet nicht mehr im Hauptraum statt, sondern in einem kleineren Gemeinschaftsraum mit Linoleumboden. Die Teilnehmer sitzen im Kreis auf schwarzen Klappstühlen.

Der Mangel an Besuchern ärgerte Ryan manchmal. »Ich habe mich als Versager gesehen«, schreibt er in seinem Buch *The Nones: Where They Came From, Who They Are, and Where They Are Going.* »Ich fühlte mich wie ein Fabrikarbeiter, der nach über 20 Jahren harter Arbeit und Engagement entlassen wird und fragte mich, wieso meine Anstrengungen nicht belohnt wurden.«[32] Aber wenn Ryan das Ganze aus der Perspektive des Sozialwissenschaftlers betrachtet, ist es einfach für ihn, die Situation in einem neuen Rahmen zu bewerten. Er weiß, was in der First Baptist Church passiert, reflektiert nicht notwendigerweise seine Bemühungen, sondern einen jahrzehntelangen Trend.

Der Niedergang der organisierten Religion ist nicht durch eine einfache Ursache zu erklären. Manche verlassen eine religiöse Tradition aufgrund einer erbitterten theologischen Meinungsverschiedenheit. Andere gehen vielleicht, weil der Sonntagsgottesdienst eine halbe Stunde vorverlegt wurde. Aber es ist eindeutig, dass Institutionen wie religiöse Gruppierungen, die einst eine Infrastruktur für viele Amerikaner boten, in der sie Zugehörigkeit, Lebenssinn und Identität fanden, schnell an Popularität verlieren. Doch auch wenn diese Institutionen verschwinden, bleibt der Wunsch der Menschen nach Zugehörigkeit, Lebenssinn und Identität. Das Ergebnis ist, dass man sich anderswo umsieht. Und was ist ein besserer Ort dafür als derjenige, an dem die US-Bürger die meiste Zeit verbringen: das Büro?

Bis zum 16. Jahrhundert hatte man in der westlichen Welt noch nie von der Idee gehört, Arbeit sei irgendetwas anderes als Plackerei. Die antiken Griechen sahen die Arbeit als einen Fluch, der die Menschen davon abhielt, sich den feineren und wertvolleren Beschäftigungen für Seele und Verstand zu widmen.[33] Das lateinische Wort für Geschäft, *negotium*, lässt sich buchstäblich mit »unangenehme Aktivität« übersetzen.[34] Erst der deutsche Theologe Martin Luther veränderte unsere Ansichten über die Rolle der Arbeit im Leben.

Im Europa des 16. Jahrhunderts verdiente die katholische Kirche ein Vermögen damit, kleine Stücke Pergament zu verkaufen, die man Ablass nannte und die Sünden vergaben, damit man sich den Weg in den Himmel erkaufen konnte. Luther hatte 1507 die Priesterweihe erhalten und kritisierte die Praxis des Ablasshandels. Seiner Vorstellung nach war unser Schicksal vorherbestimmt und ein Platz im Himmel nicht käuflich zu erwerben. Jeder von uns hatte seine Berufung – der Schuster seine Leisten, der Schmied seinen Stahl –, in der man dem Herrn am besten dienen konnte. Die Arbeit war daher eine göttliche Berufung – unsere Mühen sogar heilig.

Zwei Jahre nach der Priesterweihe Luthers wurde Calvin geboren. Calvin ging bei der Heiligung der Arbeit, die Luther gefordert hatte, noch einen Schritt weiter. Statt sich einfach nur unter das Joch der Arbeit zu beugen, glaubte er, harte Arbeit sei für die Erwählten eine Schlüsseleigenschaft auf dem Weg zum Himmel. Die Fähigkeit, hart zu arbeiten und die äußeren Anzeichen von Gottes Gnade (sprich: Wohlstand) zu erlangen, belegte das ewige Seelenheil. Daher konnte beziehungsweise sollte man, wollte man der calvinistischen Ideologie folgen, einen Platz im Himmel erlangen, einen Job ergreifen, um hart zu arbeiten. Das heißt: Man sollte seine Berufung finden.

Wie der deutsche Soziologe Max Weber in seinem Buch *Die protestantische Ethik und der Geist des Kapitalismus* anmerkt, verbindet den Kapitalismus, ein Wirtschaftssystem, das den Profit schätzt, und den Protestantismus, ein Religionssystem, das harte Arbeit als Pfad zum Himmel schätzt, ein gemeinsamer Geist.[35] Weber argumentiert, dass der Calvinismus – besonders die Idee, die eigene Fähigkeit zur Produktivität sei ein Indikator dafür, ob man in den Himmel kommt oder in die Hölle fährt –, die Grundlage des modernen Kapitalismus darstellt. Gemeinsam bilden sie ein Wirtschaftssystem, das auf anhaltendem Wachstum beruht und ein religiöses System, das Arbeit idealisiert, die perfekten Bedingungen für eine Gesellschaft, welche berufliche Aktivitäten verehrt.

Würde er jedoch heute leben, würde ein Prediger des 16. Jahrhunderts wie Calvin die heutigen Verkünder des »Wohlstandsevangeliums« – wie Joel Osteen – wohl kaum wiedererkennen, die Millionen mit »Wie-werde-ich-reich?«-Ratgebern verdienen. Das Wohlstandsevangelium ist ein Glaube, der besonders unter amerikanischen Evangelikalen verbreitet ist und finanziellen Erfolg für den Willen Gottes hält.[36]

Jeden Sonntag erscheint Osteen vor zigtausenden Anhängern in einer umgebauten NBA-Basketball-Arena in Houston, Texas, und predigt, dass Glaube und harte Arbeit das eigene materielle Vermögen mehren werden. Osteen meint: »Es ehrt Gott, pünktlich in der Arbeit zu erscheinen, es ehrt Gott, jeden Tag produktiv zu sein.«[37]

In seinem Bestseller *Your Best Life Now: 7 Steps to Living at Your Full Potential* (dt.: *Lebe jetzt!: Beginnen Sie heute Ihr bestes Leben*) schreibt Osteen: »Was Sie erhalten, ist direkt verbunden mit dem, was Sie glauben.«[38] Es ist schwer, sich etwas Amerikanischeres vorzustellen, als das Ideal, der Glaube mache uns reich.

Aber selbst wenn Tausende Gläubige sich jede Woche Osteens Predigten anhören, gehen viele nicht mehr zur Kirche. Ryan vertritt einige Theorien, wieso das so ist.[39]

Mehrere bekannte Hypothesen besagen, wieso sich Menschen nicht mehr der Religion zugehörig fühlen, und zeichnen insgesamt ein Bild, wieso die Zahl der »nones« sich in den letzten 30 Jahren verdreifacht hat. Ryan erklärte mir drei dieser Hypothesen. Wenn man sich die obige Tabelle ansieht, scheint es, dass 1991 etwas Umwälzendes geschehen sein muss, das den Anstieg an Konfessionslosen erklärt. Auch ohne ein solches Ereignis sind in den frühen 1990er-Jahren mehrere wichtige soziale Entwicklungen zusammengetroffen, die seit Jahrzehnten geschwelt hatten.

Konfessionslose von 1972 bis 2021

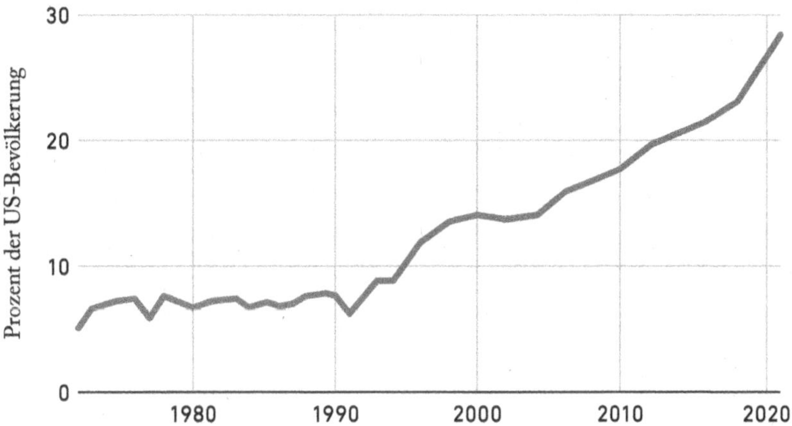

Die erste Entwicklung war der Aufstieg des kommerziellen Internets. Das Internet machte es einfacher für diejenigen, die ihren Glauben anzweifelten, wie Sheila Connolly, sich gegenseitig zu finden. Sheila war in einem katholischen Elternhaus in Washington State in den 1990er-Jahren aufgewachsen. Sie wurde als Kind zu Hause unterrichtet, besuchte als Teenager ein katholisches Internat und ging dann auf ein katholisches College. Als sie einige Aspekte ihrer religiösen Erziehung hinterfragte, fühlte sie sich allein.

Wäre Sheila ein paar Jahrzehnte früher geboren worden, ohne Zugang zum Internet, hätte sie vielleicht ihre Zweifel unterdrückt und wäre weiter den Traditionen ihres Umfelds gefolgt. Die Sozialwissenschaftler haben ein Wort dafür: die Schweigespirale. Wenn unsere Ansichten gegen die uns umgebenden sozialen Normen verstoßen, ist es leichter, einfach zu schweigen, als sich zu Wort zu melden. Als sie aufwuchs, kannte Sheila nur eine Person, welche die Kirche verlassen hatte. Aber das Internet eröffnete ihr Perspektiven, die über ihre katholische Blase hinausgingen.

Online fand Sheila eine Gemeinschaft aus Menschen, die ihre Zweifel teilten und deren Unterstützung ihr schließlich das Selbstvertrauen vermittelte, die Kirche ganz zu verlassen. »Kirchen lassen Bücher aus Büchereien verbannen, aber sie können nicht dafür sorgen, dass alle Google-Suchergebnisse ihrem Narrativ folgen«, sagte sie zu mir. Sheila ist bei Weitem nicht die Einzige, die online eine Gemeinschaft von Atheisten fand. Das Atheismus-Subreddit hat 2,7 Millionen Mitglieder,[40] das christliche Subreddit im Vergleich nur 330.000.[41]

Eine weitere verbreitete Theorie, wieso das religiöse Engagement abnimmt, ist die Politisierung der Religion, besonders die Fusion von Christentum und konservativer Politik. Auch wenn die Ursprünge der religiösen Rechten unter Forschern umstritten sind, lautet die am häufigsten genannte Theorie, dass Mitte der 1970er-Jahre eine Gruppe evangelischer Pastoren, die als Televangelisten berühmt-berüchtigt geworden waren, ihre Plattformen nutzten, um den Niedergang der Moral der amerikanischen Gesellschaft zu beklagen.[42] Sie nutzten Reizthemen wie Homosexualität, Abtreibung und Pornografie als Stichworte, und die Koalition verlagerte sich schnell von der Kanzel auf die politische Bühne. Forscher sind der Meinung, die »Moral Majority«, eine vom baptistischen Pastor

Jerry Falwell Senior gegründete politische Lobbygruppe, sicherte zwei Drittel der evangelikalen Stimmen und trug damit entscheidend dazu bei, dass Reagan 1980 die Präsidentschaftswahl gewann.[43]

Gleichzeitig vertrieb die Fusion von Religion und konservativer Politik die Liberalen aus der Kirche. 1972 bezeichneten sich 55 Prozent der weißen Christen, die wöchentlich den Gottesdienst besuchten, als Demokraten; 34 Prozent waren Republikaner.[44] 2021 waren 21 Prozent Demokraten und 62 Prozent Republikaner.

Eine dritte verbreitete Theorie, warum die Zahl der Menschen steigt, die sich keiner Kirche zugehörig fühlen, nennt die gesteigerte soziale Isolation als Grund. Amerikaner gehören heute weniger sozialen Gruppen an, als es früher der Fall war, und dies gilt auch für religiöse Gruppen. In *Bowling Alone: The Collapse and Revival of American Community* analysiert Robert Putnam, Politikwissenschaftler der Harvard University, soziale Gruppen wie Bowling-Ligen und politische Vereinigungen, um den extremen Niedergang des amerikanischen kollektiven Soziallebens darzustellen.[45] Putnam befürchtet, der Rückgang sozialer Teilnahme würde das soziale Gewebe durchlöchern, das uns verbindet, uns einen Lebenssinn gibt und zu unserem Gefühl beiträgt, Teil von etwas Größerem als uns selbst zu sein. Er argumentiert, dass Glaubensgemeinschaften »möglicherweise der größte Schatz an Sozialkapital in Amerika« sind.

Ryan stimmt in dieser Hinsicht mit Putnam überein. »Die Religion gibt uns eine Antwort, wer wir im sozialen Sinn sind, nicht im theologischen oder psychologischen Sinn«, meinte er. »Es ist ein

›Moose-Club‹ mit einer göttlichen Komponente.« Aber da immer weniger Amerikaner quer durch alle Gesellschaftsschichten Mitglieder von Gruppen in ihrer Gemeinde sind, sinkt sowohl die Teilnahme an Clubs als auch religiösen Versammlungen.

In puncto wachsender sozialer Isolation hängt auch ein Aspekt mit verschiedenen Generationen zusammen. Laut einer Studie des in London ansässigen Thinktanks Onward gehören nur 37 Prozent der Millenials im Alter von 25 Jahren einer Gruppe, wie einer Kirche, einem Buchclub oder einer Sportmannschaft an.[46] Dies ist ein Rückgang von 48 Prozent gegenüber der Generation X im selben Alter. Da immer weniger Mitglieder der jüngeren Generation an dieser Art Gruppen teilhaben, hat die Arbeit diese Lücke gefüllt.

Es gibt viele mögliche Erklärungen, wieso besonders die Berufstätigkeit zu einer verbreiteten Ersatzreligion wurde. Wir werden noch später den Aufstieg des Ethos »Folge deiner Leidenschaft« unter die Lupe nehmen; wie das Büro der Mittelpunkt des Soziallebens wurde und wie Wirtschaftsführer vergöttlicht wurden. Aber die Grundlage des Workism ist der enorme subjektive Wert, den Amerikaner der Arbeit zumessen. Für viele – vor allem für Akademiker – ist sie zur primären Quelle des Lebenssinns avanciert. Aber wie Derek Thompson in seinem Artikel »Workism macht Amerikaner unglücklich« im *Atlantic* schreibt, sollte unser Schreibtisch niemals zu unserem Altar werden.[47]

Ich lernte im Alter von 27 aus erster Hand, welche Risiken damit verbunden sind, wenn die Arbeit zum Objekt der Anbetung wird.

Es war ein Schlüsselereignis in meiner Karriere, als ich mich zwischen zwei verschiedenen Jobangeboten entscheiden musste. Das erste war eine Stelle als Journalist bei einem angesagten Onlinemagazin. Ich hatte meine Zwanziger damit verbracht, mal diesen und mal jenen Job auszuprobieren – ein paar Jahre in der Werbung, ein paar Jahre in der Techbranche – und dabei im Grunde davon geträumt, in Vollzeit zu schreiben. Ich hatte an den Abenden und Wochenenden ein wenig als freier Journalist gearbeitet, aber jedes Mal, wenn ich sagte: »Ich bin Autor«, fühlte es sich wie eine Lüge an. Die feste Journalistenstelle war das erste Jobangebot, das diese Behauptung mit einem Berufstitel untermauert hätte.

Das zweite Angebot war als Designer bei einer prestigeträchtigen Designagentur. Dort hatte ich schon einsteigen wollen, seitdem ich kurz vor meinem Abschluss eine Rede des Gründers am College gehört hatte. »Für diesen Mann arbeiten!«, kritzelte ich damals in mein Notizbuch, das ich immer in der hinteren Hosentasche dabeihatte. Wenige Jahre später hatte ich die Gelegenheit dazu. Die Stelle wurde auch zu 50 Prozent besser bezahlt als der Journalistenjob.

Ich grübelte wochenlang und sprach mit jedem, der mir nahestand, darüber. Und mit meiner Yogalehrerin. Und mit meinem Uber-Fahrer. Ich ließ mich von einem Karrierecoach beraten. Auf die unausgesprochene Empfehlung von Michael Pollan hin probierte ich es sogar mit Psychedelika, um mich zu entschließen. Null Fortschritt.

Jedes Mal traf ich eine Pseudoentscheidung. Ich dachte über all die Gründe nach, wieso der andere Job besser war. Vielleicht hätte ich eine Stelle als Advokat des Teufels suchen sollen?

Einerseits wusste ich, wie lächerlich meine Zwickmühle war. *Oh, wie schrecklich, zwischen zwei attraktiven Jobangeboten wählen zu müssen!* Ich schalt mich selbst, weil es mir wichtig war und dafür, dass ich dieser Entscheidung so viel Bedeutung beimaß. Aber andererseits war es *tatsächlich* wichtig. Es ging nicht nur um meinen Job, sondern um meine Identität. Es ging darum, wie ich die Frage »Was tust du?« beantworten wollte, die ich mit »Wer zur Hölle bist du?« übersetzte. Es fühlte sich nicht an, wie nur zwischen zwei Positionen zu wählen; es fühlte sich an, als müsste ich mich zwischen zwei Versionen meiner selbst entscheiden.

Nach wochenlanger Überlegung nahm ich die Stelle in der Designagentur an. Aber das ist nicht die ganze Wahrheit. Zuerst lehnte ich sie ab, und dann hatte ich Panik und rief am nächsten Tag den Personaler an, um zu sagen, ich hätte es mir anders überlegt. Die ersten paar Wochen im neuen Job dachte ich, mich falsch entschieden zu haben. Ich trank meinen Morgenkaffee mit einer gehörigen Prise Existenzangst. Ich durchforschte LinkedIn und fragte mich, ob der Journalismus mich nach meinem Ausflug auf die dunkle Seite überhaupt wieder zurücknehmen würde.

Ich war unausstehlich. Ich benahm mich wie ein schlechter Freund, unwillig, sich mit den Sorgen anderer zu beschäftigen. Als Partner war ich ebenfalls mürrisch und konnte über nichts anderes reden als über meine Karrierefragen. Und letztlich war ich ein schlechter Mitarbeiter, unfähig über etwas anderes nachzudenken als über meine persönliche Erfüllung.

Aber langsam veränderte sich etwas. Ich wünschte, ich könnte behaupten, eine großartige Offenbarung erfahren zu haben, aber was mir am meisten half, war einfach Zeit. Ich klammerte mich nicht mehr so an die Arbeit und begann, wieder meiner wöchentlichen Routine zu folgen. Ich spielte mit Freunden Fußball und las zum Vergnügen; machte mit Freunden Ausflüge in den Park und kochte mit meinen Mitbewohnern. Bei der Arbeit versuchte ich, meine Aufmerksamkeit auf die Aspekte meines Jobs zu richten, die ich genoss, statt über die Unmengen anderer Dinge nachzudenken, die ich tun könnte. Und vor allem zermarterte ich mir nicht mehr das Hirn über meine Wahl. Ich betrachtete meinen Job als gut genug.

In diesem Moment wurde mir langsam die Falle des Workism klar, in die ich geraten war. Zum Ersten – wie auch Divya erfahren hatte –, dass man möglicherweise andere bedeutungsvolle Aspekte des eigenen Lebens vernachlässigt, wenn man sich ganz der Arbeit widmet. Dann die Tatsache, dass ein Job vielleicht nicht für immer ist. Wenn Ihre Arbeit Ihre Identität bildet und Sie Ihren Job verlieren, was bleibt dann übrig? Aber es zeigt sich ein drittes Risiko, das vielleicht noch allgegenwärtiger und schädlicher ist als die anderen: Darauf zu bauen, ein Job böte uns eine transzendente Erfahrung, schafft ein enormes Potenzial für Enttäuschung.

Ein Vorteil, seinen Glauben auf Religion zu gründen statt auf irdische Vorhaben wie die Arbeit, besteht darin, dass wir die übernatürlichen Kräfte nicht kontrollieren können. »Der verlockende Grund, vielleicht einen Gott oder eine spirituelle Kraft zu verehren, ist, dass nahezu alles andere, das man verehren könnte, einen lebendig auffrisst«, so David Foster Wallace in seiner ikonischen Rede »Das hier ist Wasser«.[48] Wenn Sie Schönheit oder Geld oder Macht anbeten, werden Sie nie genug bekommen können.

Ich huldigte der Arbeit, und daher fühlte es sich wie ein Versagen an, mich mit irgendetwas anderem zufriedenzugeben als dem absolut perfekten Job. Nur indem ich die Arbeit von ihrem Sockel stieß, war ich in der Lage, meinen Beruf als einen Teil, aber nicht als meine gesamte Identität zu sehen.

Es war Sonntagmorgen, und daher stand Ryan auf der Kanzel. Zu Beginn der Woche hatte er einen Jeepwerbespot für die neue Modellreihe der Grand Cherokee Trucks gesehen und beschlossen, diesen als Grundlage für seine wöchentliche Predigt zu verwenden. Der Werbeslogan der Anzeige lautete: »Die Dinge, die wir erschaffen, erschaffen uns.« Von seinem Platz vorne im Gemeindesaal verkündete Ryan seiner kleinen Schar von Gläubigen: »Wir sollten uns nicht mit dem identifizieren, was wir erschaffen, sondern damit, wer wir sind und zu wem wir gehören.« Aber Ryan war innerlich unsicher. »Ich glaube im Großen und Ganzen, dass wir durch das bestimmt *werden*, was wir tun«, sagte er mir später.

Ryan liebt seine Arbeit aufrichtig. Sein Leben erhält so viel Sinn durch seine Tätigkeit, dass ihn selbst im Alter von knapp 40 Jahren der Gedanke an den Ruhestand in Panik versetzt. »Ich will eines Tages vor dem Himmelstor stehen, und wenn Gott mich fragt: ›Was hast du für mich getan, und wie hast du mein Königreich aufgebaut?‹, will ich ihm antworten: ›Ich habe alles gegeben, ich habe nichts zurückgehalten«, erzählte er mir.

Seit der Nacht, in der sein Diagramm viral ging, ist Ryans Popularität durch die Decke gegangen. Er hat heute mehr als 18.000 Twitter-Follower und schreibt regelmäßig Kommentare über religiöse Trends für *The New York Times* und NPR. Mehrere große Verlage würden liebend gerne sein nächstes Buch herausbringen, und große Forschungsuniversitäten laden ihn ein, auf ihrem Campus eine Rede zu halten. Offenbar über Nacht wurde der Mann, der laut seiner eigenen Beschreibung nur »ein Kerl in einer Kleinstadt im ländlichen Illinois« ist, zu einem Intellektuellen, der in der Öffentlichkeit steht. Als die Anfragen bezüglich Leitartikeln und Vorträgen auf ihn einströmten, sah sich Ryan mit der größten Ironie des 21. Jahrhunderts konfrontiert: Die Belohnung für beruflichen Erfolg ist oft nur noch mehr Arbeit.

Aber während der Druck, etwas zu liefern, ansteigt, bildet Ryans Glaube ein Gegengewicht zu den Anforderungen des Markts. Auch wenn das Wohlstandsevangelium den Glauben mit dem Business verbindet, unterscheiden die meisten religiösen Traditionen bewusst zwischen dem Göttlichen und dem Geschäftlichen: entweder durch eine zeitliche Trennung wie in der jüdischen Tradition des Sabbats; durch eine räumliche Trennung wie ein Kloster, das vom Rest der Gesellschaft separiert ist; oder durch eine verhaltensbezogene Trennung wie beim islamischen Gebetsruf, der alle anderen Aktivitäten fünfmal am Tag unterbricht. Wie mir Casper ter Kuile, ein Forscher auf dem Gebiet der Spiritualität, erzählte: Der Gebetsruf »unterbricht den Basar«. Es geht nicht darum, den Glauben vom Rest des Lebens abzuspalten, sondern sich an Werte zu erinnern, die wichtiger sind als der Kommerz, selbst während wir unseren Alltag geschäftlich gestalten.

Für Ryan besteht die Work-Life-Balance nicht in den Tipps, die man in Selbsthilfeartikeln liest. Er liest auch am Sonntag E-Mails, isst oft sein Mittagessen am Arbeitsplatz und spielt mit seinem Sohn *Fortnite* auf seinem Arbeitscomputer. Die Grenze zwischen seiner Tätigkeit und seinem Leben ist weniger eine feste Mauer als ein poröses Sieb. Aber Ryan findet seinen Ausgleich auf andere Weise. Er ist nicht nur Akademiker; genauso wenig ist er nur Protestant, nur Vater, Pastor oder ein Typ aus einer Kleinstadt in Illinois. Er ist all dies gleichzeitig.

Für Ryan besteht die Balance darin, lukrative Vortragsangebote abzulehnen, weil sie ihn davon abhalten würden, am Sonntag zu predigen und seinem Sohn beim Fußballspiel zuzujubeln. Es bedeutet, lieber in Mount Vernon zu bleiben, und Zeit in seine Gemeinde zu investieren, als eine Stelle bei einem großen Forschungsinstitut an einem anderen Ort anzutreten. »Lebenssinn aus mehreren Aspekten meines Lebens zu ziehen, bedeutet, wenn ich in einem Bereich einen Rückschlag erleide, tut es nicht so weh«, erzählte mir Ryan. Die Arbeit ist nicht das Einzige, das er verehrt.

Religiöse Traditionen helfen uns dabei, eine grundlegende Frage zu beantworten: Was macht unser Leben wertvoll? Sie bieten Praktiken, Lehren und eine Gemeinde, um gemeinsam Antworten darauf zu formulieren. Aber in einer zunehmend säkularen Welt müssen wir andere Wege finden, diese Frage für uns selbst zu beantworten. Die Arbeit ist eine Option. Ähnlich wie eine Kirche ist auch das Büro ein Container. Ein Container für die an uns gestellten Aufgaben; für eine Identität und ein Wertesystem, definiert durch Produktivität, Effizienz und das verdiente Geld.

Ich glaube nicht, dass die Arbeit notwendigerweise ein schlechter Ort ist, um nach einer Quelle für Identität und Lebenssinn zu suchen. Ich identifiziere mich auf jeden Fall als Autor und finde meine Tätigkeit sinnvoll. Aber man sollte nicht vergessen, dass der Arbeitsplatz nur ein Container ist, mit einer bestimmten Definition, was ein Leben wertvoll macht. Ein Wertesystem als die reine Wahrheit zu betrachten wie das Evangelium, bedeutet, auf einer schmalen Plattform zu balancieren, anfällig für eine starke Windböe.

Einer der Vorteile, sich zum Beispiel einem Kegelclub anzuschließen, Gitarre spielen zu lernen oder wöchentlich seine Freunde zum gemeinsamen Kochen einzuladen, besteht darin, dass all diese Aktivitäten ebenfalls als Container fungieren. Auf der Kegelbahn interessiert sich niemand für Ihre Jobbeschreibung. Wenn Sie Ihre ersten Akkorde lernen, müssen Sie nicht gleich danach streben, ein Rockstar zu werden. Ihre Freunde legen Ihren Wert vermutlich nicht anhand Ihrer ökonomischen Leistungsfähigkeit fest. (Und wenn sie es doch tun, brauchen Sie vermutlich ein paar neue Freunde.)

Die Forschung zeigt, dass ein sinnerfülltes Leben nicht notwendigerweise davon abhängt, wie viel Geld man verdient oder welchen Berufstitel man innehat. Tatsächlich beschreiben Menschen mit derselben Berufsbezeichnung im selben Unternehmen oft den Lebenssinn, den sie aus ihrer Arbeit ziehen, äußerst unterschiedlich.[49] Ein verbindendes Merkmal, das laut der Forschung jedoch mit Lebenssinn korreliert, ist ein hohes Maß an dem, was sie »Selbstbestimmung« nennen.[50] Mit anderen Worten, die Leute sind motivierter und erfüllter, wenn sie selbst festlegen können, was für sie einen Wert darstellt.

Ich kann Ihnen nicht sagen, was Sie idealisieren sollen. Aber eines ist sicher: Wenn Sie nicht aktiv bestimmen, was für Sie von Wert ist, werden Sie einfach die Werte des Systems um Sie herum übernehmen. Und wenn Sie mehreren Quellen von Lebenssinn folgen – etwa wie Ryan über veschiedene Definitionen verfügen, was Ihr Dasein lebenswert macht –, dann investieren Sie in sich selbst auf eine Weise, die kein Unternehmen, kein Chef und kein Markt kontrollieren kann.

KAPITEL 3

Die Liebe zur Arbeit

Über den Mythos des Traumjobs

Ich habe keinen Traumjob, ich träume nicht von der Arbeit.[51]

— CASEY HAMILTON AUF TIKTOK

Zwei Jahre bevor Richard Bolles den internationalen Bestseller *What Color Is Your Parachute?* (dt.: *Durchstarten zum Traumjob*) veröffentlichte, war er, wie so viele Arbeiter im Zuge der Rezession Ende der 1960er-Jahre, entlassen worden. Nachdem er 15 Jahre als Pastor der Episkopalkirche gearbeitet hatte, verlor Bolles seine Stelle aufgrund von Budgetkürzungen. Statt sich sofort wieder auf den Arbeitsmarkt zu begeben, bewarb er sich für ein Stipendium, um durch das ganze Land zu reisen und mit Menschen über ihre Jobs zu reden.

Im Verlauf dieses Jahres hörte Bolles die Geschichten vieler unglücklicher Arbeiter und Angestellter, die erwogen, aus ihrer Karriere »auszusteigen«. »Ich musste immer an Flugzeuge denken, wenn ich diesen Satz hörte«, sagte Bolles in einem Interview mit *The New York Times* kurz vor seinem Tod 2017. »Also erwiderte ich: ›Welche Farbe hat Ihr Fallschirm?‹«[52]

Die Idee, persönliche Befriedigung sei zentral für den beruflichen Erfolg, war damals noch neu. Die Arbeit sah man größtenteils als Mittel zum Zweck. Menschen arbeiteten, um ihre Familien zu ernähren oder um produktive Mitglieder der Gesellschaft zu sein. Seinen Job auch zu lieben – oder nur zu mögen –, hatte keine Priorität.

Bolles war anderer Meinung. In seinem Buch argumentierte er, die Arbeit ermögliche es einem, »das Talent zu verwirklichen, mit dem man auf die Welt gekommen war … an den Orten oder in dem Umfeld, die Gott für uns vorgesehen hat und zu dem wir uns daher am meisten hingezogen fühlen«.[53] In Bolles' Vorstellung sollte der erste Schritt der Jobsuche darin bestehen, nach etwas zu streben, das uns begeistert. »Für ihn waren die Mission und die Berufung im Leben das Wichtigste«, sagte mir sein Sohn Gary.

Ursprünglich war *What Color Is Your Parachute?* nur ein per Fotokopierer vervielfältigtes Pamphlet, das Bolles für fünf Dollar von zu Hause aus seinem Apartment in der San Francisco Bay Area verkaufte. Die Erstauflage betrug nur 100 Exemplare.[54] Seitdem hat sich das Buch über zehn Millionen Mal verkauft und wurde in über 20 Sprachen übersetzt. *What Color Is Your Parachute?* ist eines der erfolgreichsten Businessbücher aller Zeiten, und Bolles' Botschaft – dass die Arbeit uns zufriedenstellen sollte, indem sie unsere einzigartigen Fertigkeiten und Passionen widerspiegelt – ist bis heute eine allgemein anerkannte Weisheit.

Bezüglich der Arbeit in Begriffen von persönlicher Zufriedenheit zu sprechen, löste eine Revolution aus. Auch wenn Bolles in der ursprünglichen Auflage von *What Color Is Your Parachute?* nicht das Wort »Traumjob« verwendete, half sein Buch, Arbeiter und Angestellte auf der ganzen Welt zu überzeugen, ihren Passionen zu folgen. Man begann zunehmend, nach Tätigkeiten zu suchen, die einem Selbstaktualisierung erlaubten – und rasch entwickelte sich eine Industrie, die sich darum drehte, den Menschen zu solchen Jobs zu verhelfen. Das Resultat war, dass Liebe zur Arbeit und Lebenssinn die Begriffe Sicherheit und Stabilität als höchste berufliche Werte ersetzten. In den 50 Jahren, seitdem *What Color Is Your Parachute?* veröffentlicht wurde, hat sich die Verwendung des Begriffs »Traumjob« in Büchern um 10.000 Prozent gesteigert.[55]

Wenn Workism eine Religion ist, sind Traumjobs die Götter. Aber ständig zu erwarten, dass die eigene Arbeit traumhaft ist, birgt eine dunkle Seite. »Das Problem mit diesem Evangelium – dein Traumjob ist irgendwo da draußen, also höre nie auf, dich darum zu bemühen – ist, dass es die Blaupause für spirituelle und körperliche Erschöpfung darstellt«, schreibt Derek Thompson.[56] »Es ist ein diabolisches Spiel, das uns einen Preis vor die Nase hält, der so verlockend, aber so selten ist, dass fast niemand gewinnt, aber jeder das Gefühl hat, das Spiel ewig weiterspielen zu müssen.«

Fobazi Ettarh wusste mit 15 Jahren, was ihr Traumjob ist. Sie blätterte durch den Stapel Bücher, der in ihrer Highschool-Bücherei in Fort Lee, New Jersey, darauf wartete, zurückgegeben zu werden, als ihr eine Kurzgeschichtensammlung ins Auge fiel. Obwohl Fobazi gern las, nahm sie selten etwas in die Hand, das von ihrem

Lieblingsgenre, Science-Fiction, abwich. Aber sie hatte etwas Zeit übrig, also blätterte sie zu einer Kurzgeschichte mit dem Titel »Bin ich blau?« von Bruce Coville.

In der Geschichte ringt ein 16-Jähriger mit seiner Sexualität, als er eine männliche »gute Fee« trifft. Mit einer Berührung seines Zauberstabs verleiht »der Fee« Vince die Fähigkeit, queere Menschen in verschiedenen Blautönen wahrzunehmen. Vince öffnet die Augen und sieht blaue Polizisten und blaue Farmer, blaue Lehrer und blaue Soldaten, blaue Eltern und blaue Kinder. Zum ersten Mal realisiert er, dass er mit seiner Sexualität nicht allein ist.

Die Geschichte berührte Fobazi zutiefst. »Ich dachte wirklich, ich sei die Einzige, die damit zu kämpfen hatte«, erzählte sie mir. Aber das Buch zeigte ihr, queer zu sein war kein »schreckliches Tabu, das mich zur Hölle verdammen würde … es war einfach eine Tatsache des Lebens«.

»Bin ich blau?« öffnete Fobazi die Augen für eine Welt der queeren Literatur – und welche Rolle die Mitarbeiter der Bibliothek in ihrer Schule für ihr Erwachen spielten. Jede Woche ging sie nervös an die Ausleihtheke der Bücherei, um neue Bücher auszuleihen, wie ein Teenager, der das erste Mal Verhütungsmittel kauft. Aber die Bibliotheksmitarbeiter schienen sie nie zu verurteilen. Sie gaben sich sogar alle Mühe, Bücher mit queeren Protagonisten zu empfehlen, wie *Annie on My Mind* von Nancy Garde und *Keeping You A Secret* von Julie Anne Peters.

»Wenn ein Erwachsener damals etwas Entmutigendes gesagt hätte, hätte mein Coming-out noch weitere zehn Jahre auf sich warten lassen«, berichtete mir Fobazi. Sie wollte anderen helfen, sich genauso wahrgenommen zu fühlen, wie die Schulbibliothekare und -bibliothekarinnen ihr geholfen hatten. Also beschloss Fobazi, auch Bibliothekarin zu werden. Sie hatte ihren Traumjob gefunden und würde alles tun, um ihn auch zu erhalten.

Sobald wir Kinder fragen, was sie als Erwachsene »werden« wollen, halten wir ihnen den Traumjob vor Augen, als wäre er das ultimative Lebensziel. »Man muss finden, was man liebt«, sagte Steve Jobs 2005 zu einem Stadion voller Stanford-Absolventen in seiner berühmten Rede. »Wenn Sie es noch nicht gefunden haben, suchen Sie weiter. Geben Sie sich nicht mit weniger zufrieden.«[57]

Aber die herkömmliche Weisheit, seiner Passion zu folgen, kann in die Irre leiten oder sogar schaden. Wer einen Job gefunden hat, den er genießt, wird mit Sicherheit enttäuscht werden, wenn er damit rechnet, dass dieser stets wie ein Traum bleiben wird. Der Künstler Adam J. Kurtz fasste diese Überlegung treffend in seinem Stück »Work/Life Balance« zusammen, in dem er die zweite Hälfte des Satzes »Tu, was du liebst, und kein Tag deines Lebens wird sich wie Arbeit anfühlen« ausradierte und dieses Klischee durch einen neuen Satz ersetzte: »Tu, was du liebst, und du wirst ständig verflucht hart arbeiten und keinerlei Trennung oder Abgrenzung kennen sowie alles extrem persönlich nehmen.«[58]

Unsere Gesellschaft behandelt diejenigen, die ihre Berufung nicht gefunden haben – die nicht lieben, wofür sie bezahlt werden –, als hätten sie irgendwie moralisch versagt. »Nur wenn man liebt, was man tut, kann man großartige Arbeit leisten«, versuchte Jobs die Absolventen der Stanford University zu überzeugen. »Das Leben ist zu kurz, um nicht seiner Passion zu folgen«, lauten die Merksprüche auf Instagram und LinkedIn. Aber die Ansicht, dass wir unseren Beruf stets lieben sollten, kreiert übergroße Erwartungen, was er für uns leisten kann. Sie ignoriert die Langeweile, die bei jeder Arbeit auftritt, macht uns blind für die Schwächen, die ein Traumjob mit sich bringen kann und schafft Bedingungen, unter denen berufstätige Menschen bereit sind, sich mit weniger zufriedenzugeben, als sie verdienen.

Viele Vollzeitstellen in einer Bibliothek erfordern einen Master in Bibliotheks- und Informationswissenschaften, was normalerweise zwei Jahre und zigtausende Dollar bis zum Abschluss kostet. Daher treten viele Beschäftigte in diesem Bereich wie Fobazi ihre Stelle mit Schulden an. Aber für viele wiegt das Privileg, den ganzen Tag von Büchern umgeben zu verbringen, die Nachteile auf. Wie jemand aus dieser Branche zu mir sagte: »Zum Bibliothekar wird man nicht gemacht, man ist dazu geboren.«

Nach dem Bachelorabschluss an der University of Delaware wechselte Fobazi an die Rutgers University, um ihren Masterabschluss zu machen. In diesem Studium erhielt sie einen ersten Vorgeschmack auf die in dieser Branche herrschende Ideologie. Sie erfuhr, Bibliotheken seien auf dem Ideal aufgebaut, für alle verfügbar und offen zu sein. Ihre Professoren nannten die Bücherei »die letzte wahrlich demokratische Institution«. Aber diese hehren Ideale kamen bei Fobazis Forschung und in der Alltagserfahrung nicht immer zum Tragen.

In einem Feld, das sich seiner Inklusion rühmt, sah Fobazi einen erstaunlichen Mangel an Diversität. In der Rutger University, die zu den Hochschulen mit der landesweit höchsten Diversität gehört, war Fobazi, die schwarz ist, nur eine von zwei Nichtweißen unter 40 Personen in ihrem Jahrgang. Außerhalb ihrer Kurse erfuhr sie, dass Büchereien während der Bürgerrechtsbewegung im Süden eher ihre Pforten schlossen, als Schwarze zu integrieren – Ereignisse, die man in ihren Kursen lieber unter den Teppich kehrte.[59] Was ebenfalls unerwähnt blieb: Bibliotheken, die diskriminierende Identifikationsmethoden nutzten, um bestimmte Bürger daran zu hindern, sie zu betreten. Büchereien waren nicht immer die demokratischen Institutionen, als die sie sich ausgaben, aber niemand redete darüber.

»In jedem Fachgebiet sieht man Diskrepanzen zwischen den Idealen, zwischen dem Narrativ und der hässlichen Wahrheit, die hinter den Idealen hervortritt und eliminiert werden muss, um das Narrativ am Leben zu erhalten«, erzählte mir Fobazi.

Bei ihrer ersten Stelle nach dem Abschluss häuften sich für sie die Belege für die Makel ihres Berufsfelds. Fobazis Vorgesetzter sagte zu ihr: »Niemand wird Bibliothekar, um davon leben zu können.« Jemand anderes nannte eine asiatische Kollegin, die einzige andere Nichtweiße in der Belegschaft, die »Quotenangestellte«. Während sie eine Zeit lang nach dem Abschluss zu Hause wohnte, weigerte sich eine lokale Bibliothekarin, ihr eine Büchereikarte auszustellen, da sie nicht glaubte, dass Fobazi in der Gegend wohnte.

Und auf der anderen Seite der Ausleihtheke sah Fobazi eine Belegschaft, die häufig überarbeitet, unterbezahlt und überwältigend homogen war. Das mittlere Gehalt für einen Bibliothekar mit Masterabschluss beträgt laut dem Bureau of Labor Statistics weniger als 30 Dollar pro Stunde.[60] Vier von fünf Mitarbeitern in Bibliotheken sind weiß.[61] Fobazi war gezwungen, sich mit der Diskrepanz zwischen ihrem Bild von Büchereien und der Erfahrung, tatsächlich dort zu arbeiten, zu arrangieren. Wie konnte sich der Job als Bibliothekarin so von dem Idealbild an Inklusion unterscheiden, das ihre Professoren im Masterstudium beschrieben hatten?

Wann immer das Podest, auf das sie den Beruf gehoben hatte, die ersten Risse zeigte, erinnerte sich Fobazi daran, wie sie sich gefühlt hatte, als sie die ersten Bücher als ängstlicher Teenager ausgeliehen hatte. Büchereien sorgten dafür, dass sie sich weniger allein fühlte; und sie wollte dieses Gefühl an andere weitergeben. Sie liebte ihre Arbeit – zumindest sagte sie sich das selbst immer wieder. Aber mit der Zeit wurde die Heuchlerei einer Institution, die angeblich »allen offenstand«, für sie immer schwerer zu ertragen.

Aus heutiger Perspektive betrachtet, ist die Vorstellung, man solle seiner Passion folgen, so verbreitet, dass sie fast selbstverständlich erscheint. Aber das war nicht immer so. Erst in den letzten 50 Jahren – ungefähr seit der Veröffentlichung von *What Color Is Your Parachute?* – wurde eine »sinnstiftende Arbeit« zu einem Teil der Alltagsprache.[62] Davor sparte man sich die persönliche Zufriedenheit für später auf – wenn nicht für das Leben nach dem Tod, dann wenigstens für den Feierabend.

Häufigkeit der Phrase »meaningful work« (sinnstiftende Arbeit) in Büchern

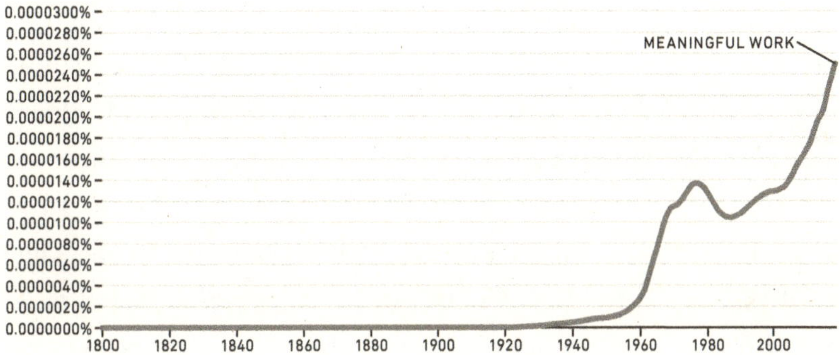

Einen Großteil des 20. Jahrhunderts verstand man den »Fordistischen Kompromiss« – natürlich benannt nach der Betriebspolitik der Ford Motor Company – als die Beziehung zwischen Arbeit und Arbeiter. Im Austausch für die acht Arbeitsstunden am Tag, fünf Tage die Woche, erhielten die Ford-Mitarbeiter eine anständige Bezahlung, Krankenversicherung, ein paar Urlaubstage und eine Betriebsrente.

Diese Bedingungen wurden 1941 umfassender festgelegt, als Ford die erste kollektive Vereinbarung nach Verhandlungen mit der Gewerkschaft, United Auto Workers, unterschrieb, die den Beschäftigten standardisierte Löhne und höhere Jobsicherheit versprach.[63] Die Leute akzeptierten, dass die Arbeit eine Pflicht war und der Genuss separat verkauft wurde. Es war eine Prämisse, die gut funktionierte – zumindest gut genug –, solange die Wirtschaftslage sich positiv gestaltete. Aber als der Aufschwung der Nachkriegswirtschaft versiegte, suchten die Manager nach Wegen, um die Kosten zu senken, und die Arbeiter zahlten die Zeche.

Als die Unternehmen Arbeitsplätze ins Ausland verlagerten und die heimischen Löhne stagnierten, bröckelte die Jobsicherheit, und die Vorteile des »Fordismus« erodierten. Seit den 1970er-Jahren sind die realen Löhne – der inflationsbereinigte Wert des Einkommens, das den Beschäftigten gezahlt wird – kaum gestiegen.[64]

»Da die Kompensation durch Bezahlung nicht mehr der wichtigste Faktor ist, wenn es um die Arbeitsmotivation geht«, sagte 1979 William Batten, der Chairman der New Yorker Börse, in einem Vortrag an der Wharton School, »muss das Management ein besseres Verständnis der flüchtigeren, weniger greifbaren Faktoren entwickeln, die zur Zufriedenheit in der Arbeit beitragen.«[65] Mit anderen Worten, das Management brauchte neue Köder, um die Angestellten bei Laune zu halten. Und es hatte Erfolg damit.

Wie wir später noch genauer betrachten werden, waren Unternehmen wie Kodak und IBM führend darin, den Arbeitsplatz zu einem Knotenpunkt sozialer Aktivität und persönlichen Wachstums zu machen. In der zweiten Hälfte des 20. Jahrhunderts ersetzten Flexibilität, Individualismus und Sinnstiftung für viele amerikanische Arbeiter und Angestellte die Jobsicherheit, den Arbeitnehmerschutz und die kollektive Solidarität.

Aber es waren nicht nur die Arbeitgeber, welche die Rolle der Berufstätigkeit umformten. Mithilfe von Büchern wie *What Color Is Your Parachute?* veränderten sich auch die Vorlieben der Arbeitnehmer. So ermittelte beispielsweise eine Umfrage von 1962, dass 6 Prozent der Menschen glaubten, eine bedeutsame Arbeit sei wichtig, wenn man im Büro erfolgreich sein wolle. 20 Jahre später lag die Zahl bei 49 Prozent.[66] Heute sind neun von zehn Menschen bereit, weniger zu verdienen, um einer bedeutsameren Tätigkeit nachzugehen.[67]

»Zu glauben, dass man die Arbeit selbst lieben könnte, ist besonders wichtig geworden«, schreibt Journalistin Sarah Jaffe, die in ihrem Buch *Work Won't Love You Back* über den Arbeitsmarkt berichtet. »Wenn wir uns daran erinnern, wieso wir überhaupt arbeiten – um die Rechnungen zu bezahlen –, stellen wir uns vielleicht die Frage, wieso wir so viel für so wenig arbeiten.«[68]

Das Mekka der Bibliothekare ist die American Library Association. Nahezu 20.000 Bibliotheksangestellte treffen sich dort jedes Jahr. Auf der Konferenz in Chicago 2017 besuchte Fobazi eine Podiumsdiskussion über Büchereien in Schulen, als einer der Teilnehmer einen Begriff verwendete, der ihre Alarmglocken läuten ließ. Derjenige verkündete dem Publikum, es sei ein »heiliger Dienst«, in einer Bibliothek zu arbeiten.

Fobazi wusste etwas über heilige Dienste. Ihre Mutter war Pastorin der Presbyterianischen Kirche. »Die Tatsache, dass wir das Wort [heilig] benutzten, um über unseren Beruf zu reden, erschien mir irrsinnig«, sagte sie. »Ich verstehe nicht, wie man davon sprechen kann, dass diese Arbeit heilig oder sakrosankt ist, angesichts all der Probleme, die in diesem Berufsfeld existieren.«

Fehlverhalten am Arbeitsplatz zu ignorieren, ist besonders in Berufsfeldern verbreitet, die man aus »Liebe zum Beruf« wählt. Die Vorstellung, Bibliothekswissenschaften seien ein »heiliger Dienst«, gleicht der Philosophie, gemäß der völlig übernächtigte Angestellte im Gesundheitswesen den »Patienten an erste Stelle« setzen; Lehrer mit zu wenig Ressourcen »das Beste daraus machen«; und Unistudenten ein unbezahltes Praktikum absolvieren, um »Erfahrungen zu sammeln«.

Die Botschaft zu verbreiten, ein bestimmter Beruf wäre aus sich selbst heraus besonders rechtschaffen, ermöglicht es Menschen in Machtpositionen, Ungerechtigkeiten als isolierte Vorfälle darzustellen und nicht als systemisches Versagen zu begreifen – falls diese Ungerechtigkeiten überhaupt Gegenstand der Debatte sind. Fobazi hat dafür einen Begriff geprägt – die Ehrfurcht vor der Berufung – und eine akademische Arbeit darüber verfasst, wieso diese Vorstellung besonders in Bibliotheken gehegt wird.

In dieser Arbeit definiert sie die Ehrfurcht vor der Berufung als den Glauben, dass Arbeitsplätze und Institutionen wie Büchereien, »ihrem Wesen nach gute und heilige Konzepte und daher über jede Kritik erhaben sind«. Mit anderen Worten, der Heiligenschein dieses Wirtschaftsbereichs macht die Menschen blind für Probleme in diesem Bereich – oder etwas dagegen zu tun. Wenn Mängel am Arbeitsplatz auftreten, wie zu schlechte Bezahlung, Rassismus oder Sexismus, werden sie als isolierte Vorfälle betrachtet und nicht als ein Fehler im System.

Gleichzeitig hängt die Leistung im Beruf davon ab, wie viel Bedeutung die Arbeitnehmer dem zumessen, was sie tun. »Das Problem mit der Ehrfurcht vor der Berufung ist, dass die Effizienz der eigenen Arbeit direkt an das Ausmaß (oder den Mangel) an Leidenschaft gebunden ist und nicht daran, einfach die Kernpflichten des Berufs zu erfüllen«, schreibt Fobazi. »Wenn der Sprachgebrauch rund um die Vorstellung, ein guter Bibliotheksmitarbeiter zu sein, an Begriffe wie Mühsal, Opfer und Gehorsam geknüpft ist, dann wird, je mehr man sich in der Arbeit abmüht, diese Arbeit (und Institution) umso ›heiliger‹.«[69]

Fobazi veröffentlichte diesen Aufsatz im Januar 2018 in einer kleinen akademischen Zeitschrift, aber es wurde schnell deutlich, dass dieses Phänomen auch über ihr Berufsfeld hinaus vorkommt. Im Verlauf des restlichen Jahres wurde Fobazi gebeten, auf bibliothekswissenschaftlichen Konferenzen Reden und an Universitäten Gastvorlesungen zu halten. Von Lehrern bis zu Köchen, Notärzten bis hin zu Künstlern wendeten sich Hunderte Menschen an sie, um von der Ehrfurcht vor der Berufung zu erzählen, die in ihren spezifischen Berufsfeldern existierte. Besonders viele Reaktionen erhielt sie aus anderen Berufszweigen, in denen man »die Welt verbessert«, wie Non-Profit-Organisationen, sowie aus dem öffentlichen Sektor, wo das »Privileg«, in diesem Bereich arbeiten zu dürfen, schon selbst als Kompensation gilt.

In einem Zoo zu arbeiten, illustriert vielleicht wie keine andere Branche das Phänomen der Ehrfurcht vor der Berufung. Wie bei der Arbeit in einer Bücherei ist dies eine Branche, in der Geldmangel herrscht und man oft Überstunden leisten muss. Die meisten Tierpfleger haben einen Hochschulabschluss, aber das durchschnittliche Jahresgehalt beträgt weniger als 40.000 Dollar.[70] Die

Arbeit bringt viele Überstunden und körperliche Anstrengung mit sich, und man muss buchstäblich Scheiße einsammeln. Es ist zudem eine Tätigkeit, zu der sich die meisten Menschen, die sie ergreifen, schon seit jungen Jahren berufen fühlten.

In einer bahnbrechenden Studie befragten die Forscher Jeffrey A. Thompson und J. Stuart Bunderson, die im Bereich Organisationsverhalten tätig sind, Hunderte Tierpfleger über ihre Beziehung zur Arbeit.[71] Sie stellten fest, dass es für die Tierpfleger mit einer Menge Nachteile verbunden war, sich ihrer Berufung bewusst zu werden. »Das Gefühl, berufen zu sein, verkompliziert die Beziehung der Tierpfleger zu ihrer Arbeit und begünstigt einerseits ein Gefühl, sich mit der Arbeit zu identifizieren, eine transzendente Bedeutung darin zu sehen und sie besonders wichtig zu nehmen, andererseits führt es zu unbedingter Pflichterfüllung, persönlicher Opferbereitschaft und erhöhter Wachsamkeit«, schrieben sie.

Viele Tierpfleger sähen ihre Arbeit als eine Pflicht, ähnlich dem calvinistischen Konzept der göttlichen Berufung, das wir im vorherigen Kapitel betrachtet haben. Eine Arbeit in einem anderen Berufsfeld zu wählen, würde daher nicht nur als Berufswahl erscheinen, sondern so gesehen werden, als würde man »nachlässig diejenigen verlassen, die auf unsere Gaben, Talente und Mühen angewiesen sind«, schrieben die Forscher. Das führe dazu, dass Tierpfleger leicht ausgebeutet werden können. Geringe Bezahlung, wenig Zusatzleistungen und schlechte Arbeitsbedingungen zählen häufig zu den Opfern, die Beschäftigte in verschiedenen Industriezweigen für das Privileg erbringen müssen, ihrer Passion zu folgen.

»Indem man die Arbeit in die Sprache der ›Passion‹ kleidet«, schreibt Journalistin Anne Hellen Petersen in ihrem Buch *Can't Even: How Millenials Became the Burnout Generation*, »verhindert man, dass wir unsere Beschäftigung als das sehen, was sie ist: ein Job, nicht unser gesamtes Leben«.[72]

Ein Job ist zuallererst eine ökonomische Beziehung. Wie Fobazis Aufsatz verdeutlicht, vermindert es die Fähigkeit von Mitarbeitern, Veränderungen anzusprechen und umzusetzen, wenn man eine Tätigkeit als etwas anderes behandelt – als eine Passion, einen heiligen Dienst. Das wurde besonders im letzten halben Jahrhundert relevant, als Arbeitnehmer die Arbeit zunehmend als eine Aufgabe des Individuums und nicht die eines Kollektivs wahrnahmen. Aber der Wandel weg vom Job als Quelle der Stabilität hin zur Arbeit als Quelle der Erfüllung ergab sich auch aus umfassenderen Trends auf dem Arbeitsmarkt.

Während in den letzten 50 Jahren das Bruttosozialprodukt stieg und die Löhne stagnierten, flossen die zusätzlichen Erträge größtenteils in die Taschen der CEOs. 1965 verdienten CEOs 20-mal so viel, wie ein durchschnittliches Angestelltengehalt betrug. 2015 erhielten CEOs mehr als 200-mal so viel wie der Durchschnitt der Angestellten.[73] »Wenn man liebt, was man tut, ist es keine ›Arbeit‹«, sagte David M. Rubenstein, Co-CEO der Carlyle Group, eines der größten Private-Equity-Unternehmen weltweit, in einem Interview mit CNBC.[74] Wenn Führungspersonen den Großteil des Geldes für sich selbst behalten, verwundert es nicht, dass die Botschaft von der Spitze an die Angestellten lautet, man solle doch nicht nur für Geld arbeiten.

Darüber hinaus verringerten sich die Arbeitsstellen in den historisch oft gewerkschaftlich organisierten Industrien, während die Jobs in Geschäftsbereichen, die traditionell weniger gewerkschaftlich organisiert sind, wie in der Techindustrie, zunahmen. Arbeitgeber übernehmen die Begrifflichkeiten der persönlichen Erfüllung – »Verändere die Welt!«, »Leiste die beste Arbeit deines Lebens!« –, um Arbeitnehmer um den Finger zu wickeln und von diesen Rollen zu überzeugen. Aber eine knifflige Frage bleibt: Ist es wirklich so schlecht, die Arbeit als Liebesbeziehung zu sehen?

Natürlich lieben viele Menschen ihre Jobs und führen dennoch ein glückliches Leben. Aber wenn Liebe und Leidenschaft faire Bezahlung, faire Arbeitszeiten und faire betriebliche Leistungen ersetzen, leiden die Berufstätigen darunter. Häufig ist dieser Zustand besonders ausgeprägt in Branchen, die sich mit dem Gütesiegel der Kultur schmücken, wie im Verlagswesen und der Mode, die sich oft auf das sprichwörtliche »Draußen stehen ein Dutzend Leute Schlange, die gerne eure Jobs machen würden« verlassen. Von unbezahlten Praktikanten bis zu Privatdozenten, die auf eine Festanstellung hoffen, können diejenigen, die ihrer Passion folgen, in Positionen landen, die sie verletzlich machen – dies gilt besonders für Beschäftigte in weniger privilegierten Berufen.

»Nicht jeder hat dasselbe Sprungbrett oder Sicherheitsnetz, um aus der eigenen Passion eine bezahlte Stelle zu machen«, sagte mir Erin Cech, eine Soziologin, die zum Thema »Erfüllung in der Arbeit« forscht. »Wenn man den Leuten sagt, sie sollen ihren Passionen folgen, aber keine gerechten Spielregeln festlegt, wie sie das tun können, dann verstärkt man nur Ungleichheit, wenn man rät, den eigenen Passionen zu folgen.«

In Berufen, bei denen Hingabe eine Rolle spielt, wie Unterrichten oder Krankenpflege, wo man von den Beschäftigten erwartet, es »nicht des Geldes wegen« zu tun, verstärkt sich Lohnungleichheit aufgrund von Geschlecht oder Ethnie. Man sollte außerdem nicht vergessen, dass viele dieser Tätigkeiten aus Leidenschaft häufig als weibliche Berufe betrachtet und dadurch abgewertet werden. Frauen verdienten 2021 83 Cents von 100 im Vergleich mit einem gleich qualifizierten Mann.[75] Dieser Geschlechterunterschied in puncto Bezahlung vergrößert sich noch für People of Color. Schwarze Frauen erhalten laut dem National Women's Law Center normalerweise nur 63 Cents von jedem Dollar, den ein weißer Mann, nicht-hispanischer Abstammung verdient.[76]

Dass Menschen nie aufhören nach Traumjobs zu streben, sei daran zumindest teilweise schuld, sagt Cech. Wenn wir glauben, dass die Leute Karriereentscheidungen aufgrund ihrer Passionen treffen, ist es einfach, die Lohnungleichheiten auf die Entscheidungen des Individuums zu schieben, statt anzuerkennen, dass tatsächlich eine strukturelle Ungerechtigkeit vorliegt. Diese Art des »Reinwaschens aufgrund eigener Entscheidungen« zementiert die Vorstellung, Lohnungleichheit könne einfach dadurch überwunden werden, dass man härter arbeitet, anstatt zu diesem Zweck das System zu reformieren.

Darüber hinaus bleibt es für die meisten Menschen unerreichbar, die eigene Passion zum Beruf zu machen. Im Journalismus kann man zum Beispiel von den Praktika und Stipendien im Einstiegsbereich nicht leben. Das erzeugt eine Dynamik, in der die Einstiegspositionen an junge Journalisten gehen, die es sich leisten können, sie anzunehmen, wie etwa diejenigen, deren Eltern die Miete zahlen. Der eigenen Leidenschaft zu folgen, funktioniert am besten bei den Menschen, die so privilegiert sind, dass sie auch mit den einhergehenden Risiken fertigwerden. Wie Petersen in *Can't Even* argumentiert: »Meistens ist all die Passion nur ein Freischein dafür, sehr schlecht bezahlt zu werden.«[77]

Es sind nicht nur die Arbeitnehmer, die nach Leidenschaft suchen; die Arbeitgeber streben ebenfalls nach leidenschaftlichen Beschäftigten. Von Starbucks bis zu Goldman Sachs, wie Cech in ihrer Forschung herausfand, suchen Arbeitgeber zunehmend nach solchen Angestellten, selbst wenn Passion nicht notwendig ist, um eine Arbeit gut zu erledigen. »Die Aufgabe eines Barista ist es, den ganzen Tag Kaffee zu machen«, sagt Cech. »Die Erwartung, dass man mit Leidenschaft an die Sache herangeht, bedeutet zusätzliche Arbeit über die unmittelbare Aufgabe hinaus, Kaffee zu machen.«

Cech nennt auch ein Beispiel, demzufolge Mitarbeiter einer lokalen Hotelkette die Leerstelle auf ihrem Namensschild ausfüllen sollten: »Hi, mein Name ist [XYZ]. Ich bin leidenschaftlich, wenn es um _______ geht.« Die Angestellten müssen nicht nur hingebungsvoll ihren Job erledigen, sondern man verlangt auch, dass sie diese Leidenschaft in die ganze Welt hinausposaunen.

Während der Covid-19-Pandemie trieben viele Arbeitgeber die Arbeitnehmer bis ans Limit. Krankenschwestern wurden gebeten, Extraschichten zu übernehmen. Mitarbeiter im Bildungsbereich mussten hybriden Unterricht erteilen. Restaurantangestellte waren gefordert, ihre Gesundheit zu riskieren. Arbeiter wurden »Helden« und »essenziell« genannt, erhielten jedoch selten zusätzlichen Schutz oder Vergütungen. Die Ehrfurcht vor der Berufung hatte ein Stelldichein.

Dies galt ebenso für Bibliotheksmitarbeiter, von denen viele als essenziell galten, selbst wenn sie darum gebeten hatten, sich besser schützen zu können. Bibliothekare und Bibliothekarinnen im ganzen Land unterschrieben Petitionen, um die Kommunen zu bewegen, die Bibliotheken zu schließen, und machten ihrem Unmut in den sozialen Medien Luft. »Ich kann Ihnen versichern, die Belegschaft der Chicago Public Library ist verunsichert, aufgebracht und vor den Kopf gestoßen«, twitterte die Bibliothekarin Amy Diegelman aus Chicago als Reaktion auf die Entscheidung, die Bücherei geöffnet zu lassen. »Wir haben ANGST, und wir sind WÜTEND.«[78]

Die Bibliothek, in der Fobazi in New Jersey arbeitete, beschloss nicht nur, weiter geöffnet zu bleiben, sondern verlängerte die Öffnungszeiten, bis eine Exekutivorder des Gouverneurs sie zum Schließen zwang.[79] Vor der Anweisung des Gouverneurs durfte Fobazi, die ein geschwächtes Immunsystem hat, schon von zu Hause arbeiten, aber sie erlebte mit, wie die anderen Angestellten der Bücherei und der Verwaltung gezwungen wurden, weiter vor Ort zu erscheinen.

Im Zuge der öffentlichen Dienstleistung wurden einige von Fobazis Kollegen aus der Bücherei losgeschickt, um sich an der Essensausgabe für Bedürftige zu beteiligen oder für andere essenzielle Arbeiter den Babysitter zu spielen. Tausende Bibliotheksmitarbeiter im ganzen Land wurden freigestellt oder entlassen. Gleichzeitig war Fobazi als Kritikerin dieses Wirtschaftsbereichs gefragt. Man bat sie, bei virtuellen landesweiten Konferenzen über die Ehrfurcht vor der Berufung zu sprechen.

Fobazi war sich der kognitiven Dissonanz bewusst, dass ihre Karriere Fahrt aufnahm, während viele ihrer Kollegen entlassen wurden. Einerseits zeigte die Pandemie offensichtlich, auf welche Weise Bibliotheken und andere Institutionen wie Krankenhäuser und Schulen sich auf die wahrgenommene Rechtschaffenheit ihres Aufgabenbereichs verließen, um die Ausbeutung der Angestellten zu rechtfertigen.

Gleichzeitig lässt sich die Tatsache, dass jemand wie Fobazi eingeladen wurde, um etwa bei der Association of College and Research Libraries einen Vortrag zu übernehmen (was sie auch tat), damit vergleichen, wenn eine Investmentbank, die notorisch dafür bekannt ist, von den Angestellten Überstunden zu verlangen, einen Work-Life-Balance-Guru anheuert, um eine Keynote zu halten. Wenn Personen in Machtpositionen diese Rhetorik nicht auch mit Änderungen ihrer Verfahrensweisen untermauern, bringt das gesteigerte Bewusstsein nicht viel.

Fobazi fand sich an einem Scheideweg wieder, der Aktivisten nur allzu vertraut ist: Sollte sie ihre Zeit lieber damit verbringen, weiter für einen Wandel von innen zu werben oder sollte sie das große Ganze betrachten, und sich der Ehrfurcht vor der Berufung in größerem Maßstab widmen?

Zuerst war sie dankbar, während einer Periode der Arbeitslosigkeit, die in der Geschichte ihresgleichen suchte, noch eine Stellung als akademische Bibliothekarin zu haben. Sie hatte nicht nur über ein Jahrzehnt für die Ausbildung aufgewandt, sondern war auch auf bestem Wege zu einer Verbeamtung, die ihr ein Maß an Stabilität und Sicherheit geboten hätte, die den meisten ihrer Kollegen verschlossen blieb. Und doch wollte Fobazi ihre Überzeugungen durch Taten untermauern. Also schickte sie am 31. Dezember 2020 eine E-Mail an ihren Vorgesetzten, um zu kündigen. Sie beschloss, nicht nur ihren Traumberuf aufzugeben, sondern auch ihre Karriere als Bibliothekarin.

»Die Ehrfurcht vor der Berufung ist zum Teil deswegen so gefährlich, weil sie die Tatsache ausbeutet, dass so viele Arbeitnehmer eine Passion – wenn nicht eine Berufung – für die Arbeit verspüren, die sie tun«, sagte sie mir. »Institutionen verlassen sich auf die Tatsache, dass es noch leidenschaftlichere Angestellte gibt, wenn die momentanen Angestellten kündigen.«

Fobazi drückt wieder die Schulbank und studiert, um Professorin für Bibliotheks- und Informationswissenschaften zu werden, wobei sie hofft, als Akademikerin eine Reform des Bibliothekswesens anstoßen zu können, wenn auch nicht mehr als Angestellte vor Ort. Die Tatsache, dass die Ehrfurcht vor der Berufung auch häufig im akademischen Bereich vorkommt, impliziert für sie natürlich eine gewisse Ironie. Sie weiß um die hohe Berufung des »Strebens nach Wissen«, und das Versprechen einer Verbeamtung kann eingesetzt werden, um unfaire Arbeitsbedingungen zu rechtfertigen. Während ich dies schreibe, streiken im ganzen Land die Doktoranden für höhere Gehälter, bessere Gesundheitsversorgung und Zugang zu bezahlbarem Wohnraum. Fobazi macht sich keine Illusionen, dass ihre neue Karriere ein Spaziergang ohne Hindernisse wird.

»Ich habe keinen Traumberuf mehr«, sagte sie mir. »Ich gehe da im Wissen, was mich erwartet, rein.«

KAPITEL 4

Sich selbst verlieren

Über den Mythos, dass man so viel wert ist wie die eigene Arbeit

Wenn ich in der Zeit zurückreisen und mir selbst eine Nachricht überbringen könnte, würde ich mir sagen, dass mein Wert als Künstlerin nicht davon abhängt, wie viel ich erschaffe. Ich glaube, diese Einstellung ist an den Kapitalismus geknüpft. Wenn man künstlerisch tätig ist, geht es darum, wie und warum man das Leben der Menschen berühren will, selbst wenn es nur eine Person ist; sogar, wenn man selbst es ist, durch den Prozess, Kunst zu erschaffen.[80]

— AMANDA GORMAN

Jeden Montagnachmittag versammelte sich die Belegschaft der Schülerzeitung *Jacket* der Berkeley Highschool in einem großen Klassenzimmer zu ihrem wöchentlichen Meeting, um über die aktuellen Nachrichten zu diskutieren. Es war der Herbst 1999. Man trug JanSport-Rucksäcke, Turnschuhe von Sketchers und hawaiianische Muschelhalsketten. Eine Trägerin einer solchen Halskette war Megan Greenwell, 16 Jahre alt und in der zehnten Klasse. Sie hatte sich kürzlich der Zeitung angeschlossen und schickte sich an, den zweiten Zeitungsartikel ihres Lebens zu schreiben.

Bei diesen Montagstreffen schrieben die Schülerredakteure Ideen für Storys auf eine Tafel und verteilten diese an die Reporter. Bei einem solchen Meeting zu Beginn des Schuljahres debattierte das Team des *Jacket* über eine Nachricht vom Wochenende: Der *San Francisco Chronicle* hatte berichtet, dass eine 17-Jährige, die als Seetha Vemireddy identifiziert wurde, an Kohlenmonoxidvergiftung gestorben war. »Damals hörte sich das nicht nach einer Topstory an«, erzählte mir Rick Ayers, der Oberstufenberater der Zeitung. Aber weil das Opfer im selben Alter war wie die Schüler der Berkeley Highschool und angeblich nur zwei Straßen von der Schule entfernt wohnte, meldete sich Megan freiwillig, um sich die Sache anzusehen.

Ihre erste Station war das Sekretariat. Da die Berkeley die einzige Highschool in der Stadt war, besuchten sie die meisten dort wohnenden Teenager – besonders diejenigen, die nur wenige Straßen entfernt lebten. Als sie im Sekretariat nach dem Namen suchte, fand Megan jedoch keine Vemireddy, die dort zur Schule gegangen war. Megan vermutete, dass etwas an der Geschichte faul war.

Mit ihrer neuen Nachrichtenredakteurin, der 17-jährigen Iliana Montauk, recherchierte Megan über die Story. Sie wussten, dass das Opfer Inderin gewesen war, also sprachen die jungen Reporterinnen mit Schülern und Lehrern aus Südasien, um eine Spur zu finden. Niemand schien Vemireddy persönlich gekannt zu haben, aber ein Lehrer hatte eine Idee. Er vermutete, das Mädchen sei vielleicht gezwungen worden, in Schuldknechtschaft für jemanden zu arbeiten, um in die Vereinigten Staaten zu kommen – ein damals bekanntes Problem in den südasiatischen Einwanderergemeinden in Kalifornien .

Nach zwei weiteren Wochen, in denen sie sich wie klassische Reporter die Hacken abliefen, sich mit Medienanwälten berieten und Unterricht verpassten, um an der Story dranzubleiben, entdeckte Megan etwas, das größer war, als sie sich je hätte vorstellen können.

Das Opfer war sowohl Mieterin als auch Angestellte von Lakireddy Bali Reddy gewesen, einem 62 Jahre alten Immobilienmogul, der moderne Sklaverei und Prostitution betrieb. Reddy überzeugte junge indische Frauen der niedrigsten sozialen Kaste, in die Vereinigten Staaten zu kommen, mit dem Versprechen, dass sie dort ein besseres Leben erwarte. Sobald die Mädchen ankamen, zwang Reddy sie, unter repressiven Bedingungen kostenlos für ihn zu arbeiten.

Am Freitag, dem 10. Dezember 1999, brachte die Schülerzeitung *Jacket* Megans Story unter der Überschrift, »Junge indische Immigrantin stirbt in Apartment in Berkeley« mit dem Untertitel »Südasiatische Gemeinde sagt, ›Schuldknechtschaft‹ könnte die Ursache sein«.[81] Einen Monat später klagten die Strafverfolgungsbehörden auf Bundesebene Reddy und seinen Sohn an, illegale Immigrantinnen eingeschleust und angestellt und sich die jungen Frauen als Konkubinen gehalten zu haben. Reddy wurde zu acht Jahren in einem Bundesgefängnis verurteilt.

Mit 16 Jahren hatte der zweite Artikel, den sie je geschrieben hatte, Megan bereits zu dem Impact verholfen, den viele Journalisten ihr ganzes Leben anstrebten. Das Magazin *People* nannte sie die »Louis Lane von der Highschool« und *Good Morning America* lud sie in die Sendung ein.[82] Der örtliche Verband der Society of Professional Journalists verlieh Megan den Preis »Journalistin des Jahres«.

Diese Geschichte zu veröffentlichen, brachte Megan nicht nur Lob und Anerkennung ein, sondern auch eine Identität: Sie war Journalistin. »Danach fühlte es sich einfach so an wie: ›Nun, ich werde sicher nicht irgendwas anderes machen‹«, erzählte sie mir, »und ich muss die absolut Beste sein.«

In vielerlei Weise war Megan damit erfolgreich. Sie wurde Chefredakteurin der Hochschulzeitung an der Columbia University. Danach erhielt sie einen Job bei *The Washington Post*, wodurch sie mit 23 Jahren in Bagdad über den Irakkrieg berichtete. Sie gehörte auch zu dem Team der *Washington Post*, das 2008 den Pulitzerpreis für seinen Bericht über den Amoklauf an der Virginia Tech gewann. Danach schrieb Megan preisgekrönte Artikel für das Magazin *Good*, *EPSN The Magazine* und das *New-York-Magazine*, bevor sie zur ersten weiblichen Chefredakteurin des beliebten Sport-Blogs *Deadspin* wurde. »Es ist wirklich angsteinflößend und wirklich stressig, und ich liebe es einfach«, sagte sie im Podcast Longform wenige Monate, bevor sie den Job bei *Deadspin* annahm. »Selbst der Stress wirkt wie eine Energiespritze.«[83]

Aber der Optimismus hielt nicht lange an. 14 Monate, nachdem Megan die Stelle als Chefredakteurin annahm, wurde die Eigentümergesellschaft von *Deadspin*, G/O Media, an eine Private-Equity-Firma namens Great Hill Partners verkauft. Zwei Wochen nach der Übernahme feuerte die neue Leitung von *Deadspin* 25 Angestellte. Das Management versuchte, einen Dresscode und Regeln darüber durchzusetzen, wie viele Stunden Angestellte an ihren Schreibtischen zu sitzen hatten. Megan und mehrere andere weibliche Führungspersonen des Unternehmens wurden herausgedrängt und durch weiße Männer ersetzt.[84]

Es war demoralisierend für Megan, zu sehen, wie das neue Management die Redaktion, die sie leiten sollte, aushöhlte. »Die Tragödie der digitalen Medien besteht darin, dass sie von skrupellosen Profiteuren in schlechtsitzenden Anzügen geleitet werden«, schrieb sie in einem bissigen Essay, nachdem sie das Unternehmen verlassen hatte. »Sie besteht darin, dass die Leute, die sich als die Experten gerieren, weniger darüber wissen, wie man Geld verdient, als ihre Angestellten, auf die sie nicht hören wollen.«[85]

Nach *Deadspin* wurde Megan im Sommer 2019 angeheuert, um Chefredakteurin der Website des Magazins *Wired* zu werden; man könnte wohl sagen, es war der sechste Traumjob ihrer Karriere. Aber von ihrem Ausguck oben am Mast bemerkte sie, dass etwas nicht ganz rund lief. Sie machte nicht besonders viele Überstunden – zumindest nicht mehr als in anderen Jobs –, aber sie kam nach Hause und fühlte sich wie »die leere Hülle einer Person«. Es lag nicht daran, dass sie so viel arbeitete. »Ich konnte einfach nicht abschalten, selbst wenn ich nicht arbeitete«, erzählte mir Megan.

Ende 2020 verließ der Chefredakteur Nicholas Thompson *Wired* und ging zu *The Atlantic*. Megan wurde übergangsweise Chefredakteurin, als das Magazin nach einem Ersatz suchte. Während sie auf der Kandidatenliste stand, um die Stelle in Vollzeit zu übernehmen, erschauderte ein Teil von ihr bei dem Gedanken, dass das Unternehmen ihr die Position tatsächlich anbieten könnte. Sie war ausgebrannt. Storys zu lektorieren, was Megan nach einem langen Tag voller Meetings immer gerne getan hatte, begeisterte sie nicht mehr.

Sie träumte regelmäßig von ihrer Arbeit und ihrem Stress. Ihr Ehemann – Arzt und Forscher im Bereich öffentliche Gesundheit und selbst ein Workist – machte sich Sorgen. Zu allem Überfluss hatte man vor Kurzem noch eine Nierenkrankheit bei ihrem Vater diagnostiziert, und eine Pandemie fegte über den Planeten hinweg. Also beschloss sie im April 2021, weniger als ein Jahr, nachdem sie die Stelle bei *Wired* angetreten hatte, eine Auszeit zu nehmen.

Megan schrieb eine E-Mail an ihre Kollegen bei *Wired* und ihre Vorgesetzten bei Condé Nast. Anna Wintour, die hochgeschätzte Chief Content Officer in diesem Unternehmen, fragte, ob sie irgendetwas tun könne, um Megan zum Bleiben zu bewegen. Megan fühlte sich geschmeichelt, aber sie wusste tief im Inneren, dass weder mehr Gehalt noch eine Veränderung ihrer Rolle im Unternehmen ihren Verdruss hätte beseitigen können. Sie lehnte Wintours Angebot respektvoll ab. Mit 37, nachdem sie sich an die Spitze eines kompetitiven und von Männern dominierten Berufsfeldes gearbeitet hatte, stieg Megan von der Karriereleiter herab.

Aber die Kündigung war für sie der einfache Teil. Die schwierigere Aufgabe bestand darin, herauszufinden, wer sie war, wenn sie nicht arbeitete. Zwei Jahrzehnte lang hatte stets ein Artikel in ihrem Hinterkopf Form angenommen. Ihr Leben hatte nach der Uhr des Journalisten getickt; Redakteure setzten ihr Deadlines, und als sie selbst eine wurde, bestimmte sie die Deadlines für ihre Mitarbeiter. Wenn sie nicht im Broterwerb tätig war, wirkte sie freiwillig am Princeton Summer Journalism Program mit, einem Intensivseminar für Highschool-Schüler aus Haushalten mit geringem Einkommen. Journalismus war nicht nur ihre Arbeit; er war ihr Leben.

»Ich habe mich immer über die Arbeit definiert. Das bedeutet, dass dieser Übergang weit schwerer war, als ich je erwartet hätte«, erzählte mir Megan ein paar Wochen, nachdem sie *Wired* verlassen hatte. »Ich habe zu kämpfen, weil ich nicht weiß, wer ich bin.«

Psychologen benutzen den Begriff »Verstrickung«, um zu beschreiben, was passiert, wenn die interpersonalen Grenzen eines Menschen verschwimmen. Verstrickung hindert einen Menschen daran, ein unabhängiges Selbst zu entwickeln, weil seine persönlichen Grenzen durchlässig und unklar sind. Stellen Sie sich ein Kind vor, dessen Selbstwert unlöslich mit der Bewertung durch die Eltern verknüpft ist, oder ein Paar, das so voneinander abhängig ist, dass keiner von beiden sich zu etwas entscheiden kann, ohne sich mit dem anderen zu beraten. Megan hatte sich, wie viele ehrgeizige Berufstätige, verstricken lassen – nicht mit einer anderen Person, sondern mit ihrer Karriere.

Wir werden nicht mit einer festgelegten Identität geboren; sie ist etwas, das wir mit der Zeit aufbauen. Ein Großteil der Theorie, wie wir zu der Person werden, die wir sind, stammt vom deutschen Psychoanalytiker Erik Erikson, vielleicht der bedeutendste Entwicklungspsychologe des 20. Jahrhunderts. Erikson zufolge bauen Menschen ihre Identität stufenweise im Laufe ihres Lebens auf; eine entscheidende Entwicklungsstufe ist die Adoleszenz. Unsere Teenagerjahre sind häufig instabil. Wir wachsen, unsere Sexualität reift heran, und wir sehen uns mit wichtigen Lebens- und Karriereentscheidungen konfrontiert. Laut Erikson festigen wir unsere Identitäten in diesem kritischen Stadium, um mit all den Veränderungen um uns herum fertigzuwerden.

»Dieses Gefühl der Identität ermöglicht es uns, unser Selbst als etwas zu erfahren, das Kontinuität und Gleichheit besitzt, und entsprechend zu handeln«, schreibt er in *Kindheit und Gesellschaft*, seinem bekanntesten Buch.[86] Teenager identifizieren sich vielleicht übermäßig mit ihrem Lieblingsstar oder schließen sich einer Clique an, um ein Gefühl der Identität zu gewinnen, indem sie andere ausschließen. Während wir älter werden, suchen wir uns weiterhin Identitäten als Quellen der Stabilität. Das galt auf jeden Fall für Megan.

Als sie aufwuchs, arbeiteten ihre Eltern beide als Selbstständige im Innenausbau – ihr Vater als Fußbodenleger, und ihre Mutter fertigte Vorhänge. Megan und ihre jüngere Schwester besuchten acht verschiedene Schulen zwischen dem Kindergarten und der Highschool, da ihre Eltern mit ihnen auf der Suche nach fester Arbeit die ganze Westküste entlangreisten. Megan sagt, sie habe eine latent zwanghafte Persönlichkeit und widmete sich in verschiedenen Phasen ihrer Jugend intensiv bestimmten Aktivitäten. In der ersten und zweiten Klasse nahm sie an landesweiten Schreibwettbewerben teil. Nach der Grundschule interessierte sie sich fürs Musiktheater. In der achten Klasse begann sie, auf Wettkampfebene zu fechten. »Ich war sehr getrieben von externen Leistungen und externer Anerkennung«, erzählte sie mir. Journalismus war eine Karriere, die ihr ständig das Gefühl vermittelte, wichtig zu sein, im Wettbewerb zu stehen und anerkannt zu werden, und die daher zu ihren natürlichen Neigungen passte.

In einer von Eriksons bekanntesten Studien befragte er Veteranen des Zweiten Weltkriegs. Wie Megan, nachdem sie *Wired* verlassen hatte, waren die Soldaten gezwungen, sich über ihren Platz in der Welt klarzuwerden, nachdem sie ihre Aufgabe erledigt hatten. Jahrelang hatten sie sich als Soldaten identifiziert. Sie waren an die Befehlskette gewöhnt. Ihre Rollen und Aufgaben waren klar. Erikson prägte den Begriff »Identitätskrise«, um die Erfahrung der Veteranen zu beschreiben – eine Periode der Instabilität und Unsicherheit, die daraus resultiert, einen entscheidenden Teil der eigenen Persönlichkeit zu verlieren.

Identitätskrisen waren unter den Leuten, die ich für dieses Buch befragte und die beruflich besonders ehrgeizig sind, weitverbreitet. Travis Cantrell, ein ehemaliger Profifußballer hatte das Gefühl, er müsse »einen Teil seiner selbst abschalten«, als er sich zur Ruhe setzte und nicht mehr seinem geliebten Sport nachging. Alice Walton, eine Angestellte in einem Start-up, die zusammen mit 50 Prozent der Belegschaft entlassen wurde, als die Covid-19-Pandemie ausbrach, erzählte mir: »Es war wirklich schwer, sich nicht so zu fühlen, als hätte man bei etwas versagt«, auch wenn sie wusste, dass sie keine Schuld an der Entlassung traf.

Ezra Fox, ein Videoproduzent, den man nach sieben Jahren aufgrund einer Firmenumstrukturierung entließ, berichtete mir: »Es ist schwer, wenn einem die Welt eine Information vorsetzt, die einem der zentralen Narrative des eigenen Lebens widerspricht.« Ezra hatte sich selbst als einen erfolgreichen Menschen gesehen, ein Narrativ, das dadurch verstärkt wurde, dass er gute Noten erhielt und regelmäßig befördert wurde. Aber entlassen zu werden, zwang ihn, innerlich Bilanz zu ziehen. Er konnte die Story, »erfolgreich« zu sein, nicht mit jemandem in Einklang bringen, der gerade seinen Job verloren hatte.

Der Sozialwissenschaftler Arthur Brooks argumentierte, dass wir ein Talent dafür haben, dem narrativen Bogen unseres Lebens eine Bedeutung zuzuschreiben, aber oft kaum vorbereitet sind, wenn das Drehbuch sich ändert.[87] Unterbrechungen im Skript – wie die Rente, ein Sabbatical oder eine Reihe von Massenentlassungen – stellen unsere Resilienz auf die Probe. Sie erfordern es, dass wir die alten Skripte überarbeiten oder in manchen Fällen ganz über Bord werfen. Aber diese Brüche ermöglichen es uns auch, ein von Grund auf neues Skript zu schreiben.

Vielleicht ist keine Gruppe besser in der Lage, das eigene Skript umzuschreiben, als Menschen mit einer chronischen Krankheit. Häufig kann man eine solche Krankheit nicht antizipieren oder kontrollieren. Manchmal wacht man auf und ist energiegeladen. An anderen Tagen hat man vielleicht nicht einmal die Energie, aus dem Bett zu steigen. Personen wie Megan, die dazu neigen, ihren Selbstwert anhand ihrer Produktivität zu bewerten, können eine Menge von denjenigen lernen, die ihre Fähigkeit, etwas zu produzieren, oft nicht steuern können.

Liz Allen ist ein gutes Beispiel dafür. Sie schwamm seit früher Kindheit und nahm an Wettkämpfen teil. Auf dem College gehörte sie als Schwimmerin und Wasserpolospielerin zur »Division 1«. Aber im Sommer vor ihrem Abschlussjahr erkrankte sie an Borreliose. Wenige Monate später trainierte sie nicht mehr vier Stunden am Tag, sondern war bettlägerig, befand sich wieder im Haus ihrer

Kindheit und musste sich von ihrer Mutter mit Hühnersuppe füttern lassen.

Die Borreliose führte für Liz auch zu weiteren gesundheitlichen Komplikationen, inklusive chronischer Müdigkeit und Migräneanfällen. Aber mit der Zeit verbesserte sich ihre Gesundheit langsam. Nach dem College erhielt sie eine Stelle als Wissenschaftslehrerin für eine sechste Klasse an einer weiterführenden Schule in Colorado. Sie liebte ihre Arbeit. Gerne kam sie früher als andere und arbeitete länger.

Aber während ihres dritten Jahres als Lehrerin verursachten die Überstunden und der Stress des Unterrichtens eine Entzündung, die ihr bereits angegriffenes Immunsystem belastete. Sie war gezwungen, den Lehrerjob an den Nagel zu hängen – einen Beruf, der sich wie eine Berufung angefühlt hatte –, weil sie nicht mehr den ganzen Tag im Klassenzimmer verbringen konnte. Anders als Megan, die zu ihren eigenen Bedingungen den Job hinter sich ließ, war es nicht Liz' Entscheidung, ihre Arbeit aufzugeben.

»Wenn einem die ›Ich-bin‹-Aussagen so schnell ausgehen, wie es mir passiert ist, kann einem das Weitermachen zunehmend Angst einjagen«, erzählte mir Liz. Aber sie hielt durch. Sie fand eine Online-Community von Leuten, die sich nicht durch ihre chronische Krankheit definieren ließen. Sie lernte, wie man neue »Ich-bin«-Aussagen formuliert, die nicht darauf basierten, was für einen Output sie erzielte. »Ich bin großzügig mit meiner Zeit; ich bin von Liebe erfüllt; ich bin eine gute Zuhörerin«, sagte sie zu sich selbst. Sie definierte sich über die Charakteristiken, die ihr immer zu eigen waren, statt durch das, was sie produzieren konnte.

»Wenn man am Boden ist und nichts mehr produziert oder in irgendeiner Weise, wie von der Gesellschaft und im Kapitalismus erwartet, einen Beitrag leistet, dann geht man vielleicht in sich und fragt sich: Habe ich einen Wert?«, erzählte sie mir. Aber mithilfe ihrer Community an gesundheitlich beeinträchtigten Menschen war Liz in der Lage, andere Säulen, als nur ihren Output, aufzubauen, die ihren Wert stützten. Selbst wenn eine dieser Säulen wegbrechen sollte, würde ihr Fundament erhalten bleiben.

Das vielleicht amerikanischste aller »Ich-bin«-Label lautet: »Jemand, der etwas produziert.« Arbeiter werden anhand ihrer Produktivität bewertet, Unternehmen anhand ihres Wachstums und die Gesundheit des Landes anhand des Bruttosozialprodukts. Wir feiern diejenigen, die als »produktive Mitglieder der Gesellschaft« gelten und nennen diejenigen, die sich auf soziale Hilfssysteme verlassen »Sozialhilfebetrüger« und »Schmarotzer«. Aber es ist nicht nur unser Land oder unser Arbeitgeber, die uns diese Wertesysteme aufzwingen. Produktivität als Maßstab für Wert zu verwenden, ist ein Standard, den wir uns auch selbst auferlegen. Und im Laufe dieses Prozesses haben viele Amerikaner die Werte unseres dominierenden Wirtschaftssystems verinnerlicht: des Kapitalismus.

Vom 12. bis zum 15. Jahrhundert herrschte in Europa eine feudale Ökonomie. Auf dem Land verpachteten die Adeligen ihr Land an die Bauern, die es im Gegenzug bearbeiteten und darauf lebten. Nachdem sie die Pacht bezahlt hatten, verkauften die Bauern das, was von ihrer Ernte übrigblieb. In der Stadt organisierten sich die Industriezweige in Gilden mit rigiden hierarchischen Strukturen. Nur Männer konnten in die Gilden eintreten, und nur Meister ihres Fachs, wie unter den Schmieden und Bäckern, durften in den Gilden etwas produzieren.

Ein Ziel der Gilden war, den Wettbewerb zu minimieren. Indem sie zum Beispiel die Anzahl an Bäckern in einer Stadt begrenzte, sorgte die Bäckergilde dafür, dass der Nachschub an Brot nicht die Nachfrage überstieg, wodurch die Preise womöglich fielen. Jahrhundertelang blieben die Wirtschaftssysteme lokal limitiert, und Handel mit dem Ausland fand selten statt. Aber all dies änderte sich mit Beginn des 16. Jahrhunderts.

Zu dieser Zeit tauchte der neue Beruf des kapitalistischen Händlers auf. Händler kauften ausländische Güter günstig ein und verkauften sie zu großen Profiten an die europäische Aristokratie. Sie überzeugten Handwerker, ihnen ihre Ware zu veräußern, und reisten dann von Stadt zu Stadt auf der Suche nach dem besten Preis. Demzufolge konkurrierten Handwerker nun mit anderen Vertretern ihres Berufsstands außerhalb ihrer Region. Der Markt und nicht mehr die Gilden diktierte zunehmend die Preise, woraufhin die Gilden zerbrachen.

Zuerst verbanden die Händler einfach nur die Produzenten und Konsumenten miteinander, aber als sie mächtiger wurden, beeinflussten sie zunehmend, wie man Güter herstellte. Händler bestellten im Voraus bei Handwerkern, lieferten ihnen das Rohmaterial und bezahlten sie für ihre Arbeit. Statt nur Geld einzunehmen, indem sie handelten, wurden sie vermögend, indem sie die Produktionsmittel als Kapitalisten kontrollierten. Dies bedeutete einen enormen Verlust an Autonomie für die Arbeiter, wie jeder weiß, der jemals irgendwo angestellt war.

Als Preise fix gestaltet wurden und Kunden lokal ansässig waren, produzierten und verkauften die Arbeiter nur, was gebraucht wurde. Da die meiste Arbeit draußen stattfand, bestimmte die Sonne die Werksstunden, und die Tätigkeiten variierten mit den Jahreszeiten. In einer kapitalistischen Welt regulieren allerdings diejenigen, die über Kapital verfügen, die Arbeit. Je mehr die Besitzklasse die Produktionskosten senkte, desto mehr steigerte sie später ihren Profit. Den Besitzern lag daran, die Arbeiter unter Druck zu setzen, damit sie mehr für weniger Geld leisteten. Die Arbeiter, die oft nicht die Mittel hatten, um in Arbeitsstätten zu investieren, mussten sich denjenigen unterwerfen, die ihre Löhne bezahlten. Sie waren nur so wertvoll wie das, was sie produzierten.

Im 18. und 19. Jahrhundert katapultierten die technologischen Fortschritte die Welt von einem auf Handwerkern und Farmern beruhenden Wirtschaftssystem in eines, das auf Manufakturen und Fabriken basierte. Statt sich auf Märkten und Feldern zu betätigen, strömten die Arbeiter an die Fließbänder, die ihre Tätigkeit in sich wiederholende Arbeitsschritte aufteilten. Karl Marx stellte die Theorie auf, dass die Arbeit im industrialisierten Kapitalismus die Arbeiter vom Produkt ihres Wirkens entfremdete.[88] Statt Güter für lokale Gemeinden herzustellen, fertigten sie Produkte, die an Orte versendet wurden, die sie nicht einmal sehen konnten. Diese Art der industrialisierten Tätigkeit entfremdet die Arbeiter laut Marx nicht nur von dem, was sie produzierten, sondern auch von ihrer

Menschlichkeit – von den Gemeinden und Identitäten, in denen sie sich zu dem entwickelt hatten, was sie ausmachte.

In der heutigen Wirtschaft weist die Entfremdung viele verschiedene Formen auf. 2017 bezeichnete Vivek Murthy, U.S. Surgeon General, die Einsamkeit als eine Krise der öffentlichen Gesundheit. »Wir leben in einem Zeitalter, in dem die Welt wie nie zuvor durch Technologie vernetzt ist, aber die Einsamkeit hat sich seit den 1980er-Jahren verdoppelt«, schrieb er in der *Harvard Business Review.*[89] Es gibt vielfältige Gründe, wieso Amerikaner einsam sind. Zum einen mussten viele Arbeiter, wie Megans Eltern, ihre Heimatstädte und -gemeinden auf der Suche nach besseren Arbeitschancen verlassen. Nimmt man dazu noch den Niedergang sozialer und religiöser Gruppen, erhält man eine Situation, in der – wie Murthy weiter erläutert – die Arbeit für viele Amerikaner den wichtigsten sozialen Kreis darstellt.

Es besteht eindeutig ein Risiko, wenn wir uns darauf verlassen, dass eine einzige Institution so viele Rollen in unserem Leben erfüllen soll. »Ich habe bei meiner Arbeit alles auf ein Pferd gesetzt«, sagte mir Ezra, der Videoproduzent. »Man sagt im Grunde, das ist mein Sozialleben, es gibt mir Lebenssinn, und ich ernähre damit mich selbst und meine Familie, und in jedem Augenblick kann mir das jemand wegnehmen.«

Darin finde ich mich wieder. Keines der Berufsfelder, in denen ich tätig war – ob Werbung, Tech, Journalismus oder Design –, fühlte sich an wie ein Industriebetrieb mit Stechuhr. Es gab immer noch eine Happy Hour, an der man teilnehmen oder eine berufliche Textnachricht, die man noch am Feierabend beantworten musste. Das empfand ich nicht immer als negativ. Ich genoss die Gesellschaft der Menschen, mit denen ich arbeitete und fand echte Freunde.

Aber ich sah auch die Risiken einer Existenz, die sich nur um die Arbeit dreht. Nachdem ich tagelang mit nur wenigen Menschen interagiert hatte, abgesehen von meinen Kollegen, meinte ich bei jedem kritischen Feedback, versagt zu haben. Ich sah, wie meine Kollegen ihr gesamtes Leben auf ihre Jobs ausrichteten, nur um entlassen zu werden, als das Unternehmen in Schieflage geriet. Ich sah, wie riskant es war, mein Schicksal mit einer nur auf Profit ausgerichteten Institution zu verknüpfen.

Natürlich profitieren die Arbeitgeber davon, wenn sich ihre Angestellten mit der Arbeit identifizieren. Zahllose Studien haben belegt, dass eine gesteigerte »Arbeitsidentität« unter den Beschäftigten zu weniger Kündigungen, größerer Produktivität und mehr geleisteter Arbeit führt.[90] »Es ist diese Gemeinschaft – von einer Gruppe von Gleichgesinnten umgeben zu sein, ein Teil von etwas Größerem als man selbst zu sein –, die Menschen dazu inspiriert, härter zu arbeiten, mehr Zeit in der Arbeit zu verbringen und einfach Spaß zu haben«, verkündete der Co-Gründer von WeWork, Adam Neumann, dem Publikum bei der Konferenz TechCrunch Disrupt im Jahr 2017.[91] Aber wie mir Casper ter Kuile, der Spiritualität erforscht, erzählte: »Ich glaube nicht, dass man eine wirkliche Gemeinschaft mit jemandem bilden kann, der die Möglichkeit hat, einen zu feuern.« Wenn wir in Bezug auf unsere Identität alles auf das Pferd Arbeit setzen, wie es Ezra ausdrückt, ist das gefährlich – besonders, wenn das Pferd bockt.

Die Psychologin Janna Koretz, deren Praxis sich darauf konzentriert, Leuten zu helfen, die in ihrer Karriere unter hohem Druck stehen, stellte fest, dass mehrere ihrer Klienten sich »der Illusion hingeben«, sie seien nur so wertvoll wie ihr Output. Koretz' Klienten sind oft Menschen, die wie Megan im Grunde alles erreicht haben. Sie haben Höchstleistungen in der Schule erbracht und hart gearbeitet, um ihre Karriere voranzubringen, standen jedoch irgendwann vor der Frage: »Ist das alles?« Koretz zufolge besteht der Grund, wieso so viele ihrer Klienten dieses ambivalente Gefühl der Enttäuschung verspüren, darin, ihr Erwachsenendasein damit verbracht zu haben, sich so sehr auf das Erklimmen der Leiter zu konzentrieren, dass sie sich verloren fühlen, sobald ihnen die Leitersprossen ausgehen.

Daher leidet die amerikanische Arbeitskultur unter einem »Henne-und-Ei«-Problem. Menschen arbeiten die ganze Zeit, also wissen sie nicht, was sie tun sollen, wenn sie nicht beruflich tätig sind; daher sind sie es ständig. Wir behandeln die Wochenenden, als würden wir sie *getrennt* von unserem Leben verbringen, statt sie als *Teil* unseres Daseins zu sehen. Selbst wie wir normalerweise in Bezug auf unsere Ruhezeiten sprechen – abschalten, die Batterien aufladen –, setzt voraus, dass die Ruhe nur eine Voraussetzung dafür ist, wieder zu arbeiten.

Um diesem Teufelskreis zu entkommen, empfiehlt Koretz zwei Methoden: Zuerst sollte man für die arbeitsfreie Zeit bewusst einen Raum schaffen. Der Rabbi Abraham Joshua Heschel beschreibt den Sabbat, die wöchentliche Arbeitsruhe der Juden, als eine »Kathedrale in der Zeit«.[92] Außerdem empfiehlt Koretz, eine Infrastruktur um geheiligte Zeiten herum zu etablieren, so wie man eine Infrastruktur um geheiligte Orte, wie einen Tempel, eine Moschee oder eine Kirche errichtet.

Ein Heiligtum der Zeit kann unterschiedlich aussehen – eine Stunde am Tag, in der man das Handy auf Flugzeugmodus schaltet, ein wöchentliches Treffen mit einem Freund, um einem Hobby nachzugehen –, aber egal, wie dieses Heiligtum aussieht oder zu welcher Zeit es errichtet wird: Koretz zufolge ist es wichtig, eine Zeitspanne einzurichten, in der der Job keine Option darstellt. Einer der Vorteile, wenn man zum Beispiel die Kirche oder die Yogastunde besucht, besteht darin, dort unmöglich arbeiten zu können. Auch wenn viele von uns sich vornehmen, sich beruflich weniger zu betätigen, sickert die Arbeit wieder durch jede Ritze, wenn wir nicht die Zeit aktiv schützen, die wir nicht damit verbringen wollen.

Koretz empfiehlt auch, verschiedene Identitäten zu testen, um zu sehen, welche passt. Um ein resilienteres Selbstbild aufzubauen, plädiert sie dafür, aktiv in Identitäten zu investieren, die nichts mit der Arbeit zu tun haben. Einfach gesagt: Um zu verstehen, wer wir sind, wenn wir nicht arbeiten, müssen wir auch etwas *tun*, das nicht mit der Arbeit zusammenhängt. Laut Koretz sollte man beim Vorhaben, eine Identität außerhalb der Arbeit zu entwickeln, damit beginnen, sich selbst zu gestatten, etwas Neues zu unternehmen und dabei nicht »gut« zu sein. »Ich kenne all diese ehrgeizigen Leute, die sich, wenn sie etwas außerhalb der Arbeit tun wollen, für einen Marathon anmelden«, sagte sie mir. »Aber das ist nur ein weiteres Rezept für einen Burn-out. Ich rate den Menschen, klein anzufangen: Wie wäre es mit joggen gehen?«

Zielorientierte Hobbys, wie sich für einen Marathon anzumelden oder eine bestimmte Anzahl von Büchern in einem Jahr zu lesen, kann uns die Verantwortung geben, etwas außerhalb der Arbeit zu tun. Aber nach einem Ziel zu streben, legt immer noch einen Rahmen fest, um uns selbst zu verbessern, und das bedeutet im Grunde weitere Arbeit. Das heißt nicht, dass diese Hobbys schlecht sind. Aber ich kann den Gedanken nicht abschütteln, dass wir durch all unsere quantifizierbaren Ambitionen die Weisheit aus den Augen verlieren, die wir als Kinder alle kannten: die Freude am Spiel.

Spielen ist ein natürliches Gegengift gegen den Workism. Es basiert nicht auf Nützlichkeit, sondern auf Neugier und Staunen. Es schert sich nicht darum, »besser« zu sein, sondern nur um unser aktuelles Erleben. Wie Ruhe kann auch Spiel eine Frischzellenkur sein. Und wir sind von Gelegenheiten zu spielen förmlich umgeben. In der Kunst gibt es das Basteln. In der Musik das Jammen. Mein persönlicher Favorit ist es zu tanzen. Nirgends komme ich dem Enthusiasmus eines Kindes auf einem Spielplatz näher als auf dem Tanzparkett einer Hochzeit. Spiel hilft uns, uns daran zu erinnern, dass unsere Existenz sich nicht nur darum dreht, etwas zu produzieren.

Vor einigen Jahren saß Megan leicht bekifft mit ihrer jüngeren Schwester am Strand an der Küste Oregons, als ihre Schwester sie fragte: »Wie fühlt es sich an, etwas im Beruf erreicht zu haben?« Die Frage erwischte Megan kalt. Sie hatte sich nie als jemand gesehen, der erfolgreich im Beruf war. Sie sagte mir, dass sie sich 2017 – fast zwei Jahrzehnte, nachdem sie ihren ersten Journalistenpreis gewonnen hatte – erstmals sicher war, einen neuen Job finden zu können, wenn sie einen verlor. Natürlich wusste sie, dass sie einiges erreicht hatte, aber sie hatte nicht das *Gefühl*, erfolgreich zu sein. Wie es sich für eine Journalistin gehört, beantwortete sie die Frage ihrer Schwester mit einer Gegenfrage: »Wie fühlt es sich an, eine Identität zu haben, die sich nicht nur dadurch definiert, womit man sein Geld verdient?«

Megan gibt zu, neidisch auf ihre Schwester zu sein, die gutes Geld im Marketing für eine Ratingagentur verdient, um 17 Uhr Feierabend macht und Hobbys und Freunde hat, von denen nicht alle ihrem Kollegenkreis entstammen. »Ihre Arbeit wirkt auf mich unglaublich beneidenswert, so wie man einen NBA-Spieler beneidet – aber ich werde einfach nie ein solches Leben haben«, verriet mir Megan. Aber es ist nicht der Job, um den sie ihre Schwester beneidet – es ist die Beziehung ihrer Schwester zur Arbeit, die auf sie anziehend wirkt. Selbst als Megan sich ein Sabbatical erlaubte, nachdem sie bei *Wired* gekündigt hatte, konnte sie sich nur schwer von ihrer beruflichen Identität lösen.

Einen Monat, nachdem sie ihr Sabbatical begonnen hatte, wurde Megan klar, dass ihr Problem nicht nur mir ihrer Berufsbeschreibung einherging. »Was mir der letzte Monat deutlich vor Augen geführt hat, ist, dass ich eindeutig eine grundlegend ungesunde Beziehung zur Arbeit habe«, erzählte mir Megan. Wie Liz musste sie sich selbst beibringen, nicht das, was sie produzierte, damit gleichzusetzen, wer sie war. »Das ist gleichermaßen schwer und bereichernd.«

In der Literatur der Anonymen Alkoholiker findet sich ein Sprichwort, demzufolge man sich nicht durch Denken zum besseren Handeln zwingen kann.[93] Man muss handeln, um besser zu denken. Seine Identität außerhalb der Arbeit zu finden, erfordert, aktiv zu werden. Es setzt voraus, die Kontrolle, die Bewertung durch andere und die Bequemlichkeit einer arbeitszentrierten Existenz abzugeben, um sich eine schwierige Frage zu stellen: Wer bin ich, wenn ich nichts produziere?

Dies ist für Megan immer noch nicht leicht zu beantworten. Als sie sich zu einem Sabbatical entschied, hatte sie Geld gespart. Ihr Partner arbeitete weiterhin in Vollzeit. Sie verfügte über genug Spielraum, bevor sie wieder beruflich tätig wurde. Aber in den ersten paar Monaten fühlte sie jedes Mal, wenn sie sich entspannen wollte, den Drang, produktiv zu sein – um entweder herauszufinden, was ihr nächster Schritt sein würde, oder um einen Entwurf für ein Buch zu schreiben. Aber jedes Mal, wenn sie diesem Drang zu arbeiten nachgab, verspürte sie Schuldgefühle, weil sie sich nicht entspannte.

Sie wanderte in den Catskill Mountains, um den Kopf freizubekommen und dachte unweigerlich über einen Leitartikel nach, den sie schreiben wollte oder eine Idee für ein neues Mediengeschäftsmodell. Sie war immer noch im Teufelskreis gefangen, der unter Berufstätigen heute allzu verbreitet ist. In einer Kultur, die es wertschätzt, wenn man einen Nebenjob ausübt oder an seiner Karriere werkelt, lautet die Botschaft: Wer nicht vorankommt, fällt zurück.

An einem stürmischen Februarmorgen fuhr ich nach Brooklyn, um mich mit Megan in einem Café nahe ihres Zuhauses in Williamsburg zu treffen. Es waren neun Monate vergangen, seitdem sie ihre Vollzeitstelle an den Nagel gehängt hatte – dank ihres mittlerweile flexiblen Zeitplans konnte sie sich an einem Montag um 11 Uhr zum Kaffee treffen. Es war einer dieser Tage im Nordosten des Landes, an denen der Regen von der Seite zu kommen schien und der Schnee sich in Matsch verwandelte, also gingen wir mit unseren Heißgetränken zu einem transparenten Unterstand, der wie ein riesiger Plastikregenschirm aussah. Durch klappernde Zähne und Atemwölkchen fragte ich Megan, ob das Sabbatical einen grundlegenden Wandel in ihrer Einstellung bewirkt habe.

»Es hat mich auf jeden Fall nicht gezwungen, eine neue Identität außerhalb der Arbeit zu finden«, sagte sie. »Es hat mich nicht unbedingt genötigt, ein neues Hobby oder einen neuen Teil meiner selbst zu entdecken.« Das überraschte mich. Die Überschrift für Megans vergangenes Lebensjahr hätte lauten können: »Hochrangige Führungskraft im Medienbereich nutzt *Eat, Prey, Love*, um sich vor dem Burn-out zu retten; Memoiren in Arbeit.« Aber als wir in diesem kleinen Pavillon in Brooklyn saßen, erzählte mir Megan nicht von spontanen Reisen nach Bali oder wie sie allein an einem Wochentag die Met besucht hatte. Stattdessen hörte sie sich an wie ein zielorientierter Profi, der immer noch damit rang, welche Rolle die Arbeit in seinem Leben spielen sollte.

»Ich mag die Arbeit. Ich mag, was ich tue«, sagte sie, während sie auf die Straße hinausblickte, die Wangen von der Winterkälte gerötet. »Aber ich frage mich, welcher Prozentsatz meines ständigen Drangs zu arbeiten daher stammt, dass ich die Arbeit wirklich liebe, und wie viel davon, dass ich nichts anderes mit mir anzufangen weiß.«

Ein Teil von Megans Antrieb, so viel zu arbeiten, wird von Geld motiviert, auch wenn sie diese Beziehung als »irrational« bezeichnet. Sie kann einen beeindruckenden Lebenslauf vorweisen, hat ein ausgedehntes Netzwerk und einen unterstützenden Partner, über den sie krankenversichert ist. Aber wie so viele ältere Millennials machte sie sich während ihrer zwei Jahrzehnte dauernden Karriere aus erster Hand ein genaues Bild der prekären Situation ihres eigenen Berufsfeldes und der amerikanischen Wirtschaft. Sie erlebte, wie die Verfügbarkeit von Arbeit die Wohnorte ihrer Familie ebenso vorgegeben hatte wie die Anzahl der Geschenke unter dem Weihnachtsbaum. Zumindest teilweise motiviert ihre unsichere Beschäftigungssituation ihre Arbeitsmoral, so irrational sich das anhören mag. Sogar während eines selbstauferlegten Sabbaticals ist der Beruf immer noch die wichtigste Linse, durch die sie die Welt betrachtet.

Ich fragte Megan, ob sie sofort einen neuen Job antreten würde. »Würde ich nicht«, sagte sie fast reflexartig. »Nein, würde ich nicht, aber es gibt einen bestimmten Job, den ich interessant fände«, fügte sie grinsend hinzu. In ihrer Stimme hörte ich diese Spannung, mit der ich selbst zu kämpfen hatte: einzusehen, dass wir mehr *sind*, als das, was wir tun, und dennoch einen Job anzustreben, der uns dauerhafte Selbstaktualisierung ermöglicht.

Neun Monate, nachdem sie *Wired* verlassen hatte, ist Megan immer noch mit Leib und Seele Journalistin. Sie würde weiterhin gern eines Tages wieder eine Nachrichtenredaktion leiten. Sie liest viel und begeistert sich für Geschäftsmodelle und -taktiken, um mehr Frauen in redaktionelle Führungspositionen zu verhelfen. Aber vielleicht zum ersten Mal, seitdem sie in der zehnten Klasse für ihre Highschool-Schülerzeitung schrieb, hat sie lange genug den Fuß vom Gas genommen, um anderweitig einen Wert für sich zu finden.

Während wir in dem kleinen Pavillon saßen und unsere Hände auf der Suche nach etwas Wärme in den Taschen vergruben, erzählte mir Megan, dass die Auszeit von der Arbeit ihr erlaubt hatte, Zeit mit ihrem Vater zu verbringen, während dieser im vergangenen Herbst in einem Hospiz untergebracht war. Sie berichtete mir vom Thanksgiving-Essen, das sie ganz allein für ein Dutzend Familienmitglieder zubereitet hatte, nachdem er gestorben war. Und in den vergangenen neun Monaten war sie eine bessere Freundin gewesen als zu irgendeiner anderen Zeit in ihrem Erwachsenenleben, denn »das Leben fühlte sich nicht so an, als sei es der Arbeit untergeordnet«. »Ich habe ein besseres Gleichgewicht gefunden«, sagte sie und klang stolz. »Ich habe gelernt, mein Arbeitshirn abzuschalten.«

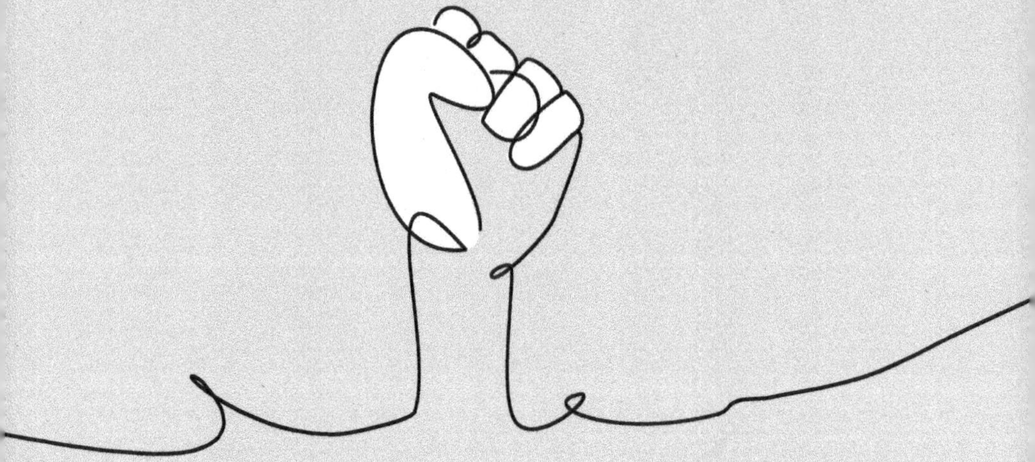

KAPITEL 5

Arbeitsbeziehungen

Über den Mythos, ein Arbeitsplatz könne Familie sein

Die einzige effektive Antwort auf organisierte Gier ist organisierte Arbeit.[94]

— THOMAS DONAHUE

Taylor Moore sieht aus wie ein junger Weihnachtsmann. Strubbeliger Bart, stämmiger Körperbau; die Art Mann, der wenig Anstoß braucht, um am Lagerfeuer eine Geschichte zu erzählen. »Ich ziehe ja gerne vom Leder«, sagte er mir eines Sonntagsnachmittags mitten in der Pandemie. »Ich glaube nicht wirklich an Astrologie, aber wenn wir über Persönlichkeit reden, bin ich auf jeden Fall ein Feuerzeichen.«

Taylor ist so durchsetzungsfähig wie eine Bulldogge, was ihm während seiner eher zufällig verlaufenden Karriere half. Er stammt aus Fayette, einem kleinen Ort im Westen Alabamas und arbeitete in jungen Jahren mal hier und mal dort im Süden. Er war Barkeeper, Grundschulberatungslehrer und spielte Banjo und Gitarre in einigen Bands in Birmingham. Bis Mitte 20 dachte er, wenn er nicht »den großen Wurf« wagte, würde er in Birmingham sterben – nach einem angenehmen Leben, aber ohne wirklich etwas *getan* zu haben. Also verkaufte er 2006 sein Auto und erwarb ein einfaches Ticket für eine Fahrt nach New York City.

In den ersten Jahren in New York nahm Taylor jeden Job an, den er ergattern konnte. Er arbeitete als Hundesitter, Barkeeper, Zeitarbeiter, Produktionsassistent für Independent-Filme und als Nanny für eine Familie an der Upper East Side. Aber die Jobs waren nur ein Einkommen, um Taylors Nebenjobs zu finanzieren. Er verbrachte die Abende und Wochenenden als Improvisations-Comedian bei der Upright Citizens Brigade und produzierte Podcasts in seinem improvisierten Studio, das er sich in einem Schrank in seinem Apartment in Bedford-Stuyvesant eingerichtet hatte.

Als die Familie, die Taylor unterstützte, keine Kinderbetreuung mehr brauchte, brachte ihn ein Freund mit Kickstarter zusammen, einem seit drei Jahren bestehenden Start-up aus Manhattan, das Künstlern half, eine Finanzierung für ihre kreativen Projekte zu erhalten. Taylor gefiel die Mission dieses Unternehmens, da der ja selbst unabhängiger Künstler und Creator war. Durch Crowdfunding ermöglichte Kickstarter den Künstlern, die traditionellen Gatekeeper und Trendsetter zu umgehen. Außerdem schienen die Gründer dieses Start-ups mehr daran interessiert zu sein, eine kulturelle Bewegung aufzubauen als ein traditionelles Techunternehmen. »Scheiß auf die Monokultur«, lautete der Kampfschrei des Teams. Taylor war begeistert.

Wie so viele junge Entrepreneure in den frühen 2000er-Jahren träumten auch die Gründer von Kickstarter davon, die Welt zu verändern. Sie stellten von Anfang an klar, dass Kickstarter nicht so wie jedes andere Unternehmen werden sollte. Die Gründer schworen, ihre Firma nie zu verkaufen und ihren Erfolg an der Zahl der kreativen Projekte zu messen, die sie mit ins Leben riefen, nicht an der Höhe der Profite.[95] Sie baten die Angestellten, sich dieser Mission zu verschreiben, was bedeutete, ein niedrigeres als das ortsübliche Gehalt zu verdienen und keine Aktienoptionen zu erhalten, was häufig Menschen veranlasst, das Risiko einer Mitarbeit bei einem neuen Start-up einzugehen. Im Austausch dafür waren die Angestellten gemeinsam mit gleichgesinnten Kollegen für ein sozial ausgerichtetes Unternehmen tätig.

Die Gründer erhoben diesen unkonventionellen Ansatz 2015 zum Gesetz, als ihre Firma ihren Status hin zu einem »Unternehmen mit öffentlichem Nutzen« änderte – auch als »B Corp« bekannt –, ein rechtlicher Status, demzufolge das Management die gesellschaftlichen Auswirkungen seiner Entscheidungen und nicht nur den maximalen Profit für die Anteilseigner berücksichtigen muss. Kickstarter verpflichtete sich, fünf Prozent der Profite in die künstlerische Ausbildung und in Organisationen zu stecken, die gegen systemische Ungleichheit kämpften, während es gleichzeitig ein profitorientiertes Unternehmen blieb.[96] Die Manager teilten den Angestellten und der Presse mit, dass sie mehr wie ein Unternehmen mit einem Gewissen agieren wollten und weniger wie eine gewinnorientierte Firma. Wenig überraschend zog die kreative, wertgesteuerte Kultur des Unternehmens auch kreative, wertorientierte Angestellte an. Sie stellten viele nebenbei künstlerisch aktive Leute wie Taylor ein.

2012 startete Taylor als Empfangsmitarbeiter bei Kickstarter. Er war in mehr als einer Hinsicht das Gesicht der Firma. Er öffnete den Besuchern die Tür und hieß sie im offenen Großraumbüro im obersten Stockwerk eines umgebauten Apartmentgebäudes willkommen. Einmal in der Woche lud Taylor mit der Kreditkarte der Firma zu einer Happy Hour in einer örtlichen Bar ein. Er veranstaltete einen Mitternachtsfilmklub im Büro, bei dem die Angestellten an Negronis nippten und sich Kultfilme ansahen. Er spielte bei der wöchentlichen Dungeons-&-Dragons-Runde bei Kickstarter mit, die auch Perry Chan und Yancey Strickler, zwei der Gründer, regelmäßig besuchten. Kickstarter entwickelte sich zum Zentrum von Taylors sozialem Umfeld. Mitarbeiter waren nicht nur Kollegen, sondern Freunde und Bandmitglieder, Liebespartner und politisch Gleichgesinnte. Auch ein weiteres halbes Dutzend anderer früherer Angestellter, mit denen ich gesprochen habe, schilderte Kickstarter in seinen frühen Tagen weniger als ein Unternehmen als eine Familie – mit einem Ethos, der in vielen Start-ups vorherrscht, in denen man eng zusammensteht.

Einige Unternehmen, wie die britische Produktentwicklerfirma ustwo, weisen explizit darauf hin, eine solche familienähnliche Atmosphäre zu begünstigen. »Unser Fokus lag stets darauf, das aufzubauen, was wir eine ›Fampany‹ nannten – eine Company, die sich wie eine Familie anfühlt«, steht im »Kulturmanifest« des Unternehmens.[97] Airbnb-Mitarbeiter bezeichnen sich gegenseitig als »Airfam«. Salesforce definiert die eigene Unternehmenskultur mit dem hawaiianischen Wort »ohana«, was »Wahlfamilie« bedeutet.[98] Bei Kickstarter war es nie das explizite Ziel der Gründer, eine familiengleiche Kultur aufzubauen. Die Mitarbeiter verbrachten gern Zeit miteinander, weil sie die Gesellschaft der anderen genossen, nicht, weil sie mussten.

Aber eine familienartige Kultur entstand dennoch, was laut Alison Green, Gründerin des beliebten Karriereberatungsblogs *Ask a Manager,* für die Angestellten ein zweischneidiges Schwert darstellen kann. »Unternehmenskulturen, die erklären, dass der Arbeitsplatz wie eine Familie ist, sind fast nie vorteilhaft für die Angestellten«, erläuterte mir Green. »Es bedeutet häufig, es wird erwartet, dass man unvernünftig lange arbeitet, mit einer unangemessenen Arbeitslast und für eine unangemessen niedrige Bezahlung. Und wenn man sich gegen eines dieser Dinge wehrt, wird einem entweder explizit oder implizit gesagt, man sei kein Teil der Familie.«

Egal wie sehr die Angestellten oder Manager eines Unternehmens betonen, sie seien eine Familie, wird dieses Gefühl nie aufrichtig sein. Familien und Firmen verfolgen grundverschiedene Ziele. Was Unternehmen normalerweise meinen, wenn sie sich als Familie bezeichnen, ist, dass man sich um die Angestellten kümmert. Familiäre Beziehungen hingegen sind bedingungslos. Dies ist eine freiwillige Beschäftigung per definitionem nicht. Die Loyalität der Angestellten gegenüber einem Unternehmen wird immer dessen Loyalität gegenüber den Angestellten übersteigen. Was Firmen und Familien jedoch gemeinsam haben, ist eine knifflige Machtdynamik – eine Lektion, die Taylor letztlich auf die harte Tour lernen sollte.

Oberflächlich betrachtet, wirkt eine Bürokultur, in der alle gut befreundet sind, wie eine feine Sache. Der Forschung zufolge sind Menschen, die über Freunde im Beruf verfügen, gesünder und glücklicher. Eine Gallup-Studie ergab, dass jemand mit einem besten Freund im Job mit siebenmal höherer Wahrscheinlichkeit engagiert arbeitet, verglichen mit denen, die keinen haben.[99] Mitarbeiter mit Freundschaften am Arbeitsplatz berichten von höherer Produktivität, weniger Arbeitgeberwechseln und höherer Zufriedenheit im Beruf.[100]

Arbeitgeber haben das sicher auch bemerkt. Viele Unternehmen kultivieren aktiv ein Gefühl der Freundschaft und Kameradschaft, indem sie Teambildungsübungen durchführen lassen, kostenlose Mahlzeiten anbieten und Happy Hours gewähren. Soziale und außerberufliche Events entwickeln bei den Angestellten ein Gefühl der Zugehörigkeit, das sich positiv auf die Firmenbilanz auswirkt. Eine Studie des Start-ups BetterUp, das im Bereich Arbeitsplatz-Coaching agiert, stellte fest, dass ein Gefühl der Zugehörigkeit am Arbeitsplatz zu einer besseren Jobperformance von 56 Prozent führt, zu einer 50-prozentigen Verringerung von Kündigungen und einem Rückgang der Krankentage der Angestellten um 75 Prozent.[101]

Aber für die Beschäftigten, die sich auf die Arbeit als primäres soziales Umfeld verlassen, ist dies oft nervenaufreibend. Auch wenn Angestellte, die über Freunde im Büro verfügen, im Allgemeinen mehr leisten, berichten sie auch darüber, häufiger emotional erschöpft zu sein und Konflikte zu meiden. Im Aufsatz »Freunde mit handfesten Vorteilen: Die dunkle Seite von Freundschaften am

Arbeitsplatz«, erklären die Forscherinnen Nancy Rothbard und Julianna Pillemer von der Wharton University, wie einige der definierenden Faktoren einer Freundschaft in Spannung zu einigen der definierenden Faktoren eines Unternehmens stehen.

Bei einer Freundschaft sind Rollen informell. Beziehungen sind sozialer und emotionaler Natur. Bei einer Arbeitsbeziehung sind die Rollen jedoch formell, und Freundschaften dienen dazu, die Ziele des Unternehmens voranzutreiben. Wenn ein Mitarbeiter die Arbeit eines Kollegen kritisiert, der auch ein Freund ist, kann dies zu Reibungen führen.

Die Forscherinnen fanden auch heraus, dass Arbeitsplätze, an denen enge Freundschaften zwischen Mitarbeitern herrschen, die Wissensweitergabe im Unternehmen behindern können, denn Informationen werden durch die sozialen Bindungen weitergereicht statt durch Kanäle, die für alle offen einsehbar sind. Ebenso können Arbeitsplätze, an denen viele Freundschaften bestehen, zu Nachlässigkeit bei komplexen Entscheidungsfindungsprozessen von Teams führen, da Freunde eher dazu neigen, die Meinung des vertrauten anderen zu akzeptieren als eine rigorose Analyse.[102]

Mehreren Untersuchungen der Psychologin Saera Khan, Psychologin an der University of San Francisco, zufolge verschweigen die Angestellten an Arbeitsplätzen, an denen enge Freundschaften bestehen, ein Fehlverhalten eher. In einer Studie, die ein tatsächlicher Skandal im Gesundheitspflege-Start-up Theranos anregte, baten die Forscher die Teilnehmenden darum, sich vorzustellen, sie arbeiteten bei einem biomedizinischen Start-up, und eine Kollegin oder ein Kollege hätte die Wirksamkeit eines Produkts übertrieben dargestellt und würde dies auch weiter tun.[103] Die Forscher veränderten die Beschreibung des Szenarios, basierend darauf, ob das Unternehmen eine familiäre oder professionelle Atmosphäre aufwies. Die Studienteilnehmer berichteten seltener über Fehlverhalten, wenn es am Arbeitsplatz mehr wie in einer Familie zuging.

»Wenn man eine Gruppe als kohärente Einheit sieht – und das ist die Definition einer Familie –, ist es wirklich schwer, aus dieser Einheit auszubrechen, und das ist genau, was man tut, wenn man Fehlverhalten offenlegt«, erzählte mir Kahn. »Man zerstört die Vorstellung, dass es eine gesunde, glückliche Familie ist, in der alles prima läuft.«

Um es deutlich zu sagen: Freundschaften am Arbeitsplatz können einen nicht zu verachtenden Nutzen einbringen, sind aber nicht immer nur positiv. Rothbard und Pillemer empfehlen, Regeln einzuführen, um die Freundschaften im Job aufrechtzuerhalten; wie sich zum Beispiel darauf zu einigen, wann man über Themen redet, die nichts mit der Arbeit zu tun haben, und Außenstehende um ihre Meinung zu Geschäftsentscheidungen zu bitten, um Gruppendenken zu vermeiden. In der Praxis ist diese Linie zwischen Freunden und Kollegen jedoch schwer zu ziehen – besonders bei einem Unternehmen wie Kickstarter, dessen Kultur auf Spaß und Kameradschaft aufgebaut ist.

Die Kickstarter-Angestellten sahen sowohl die Vorteile als auch die Nachteile einer extrem sozialen Unternehmenskultur. Die Teammitglieder arbeiteten regelmäßig länger, um ein Konzert im Büro mitzuerleben oder eine Kunstausstellung anzuschauen, die einer der Schöpfer der Plattform veranstaltete. In den frühen Tagen bestand wenig Trennung zwischen dem Management und den einfachen Angestellten. Alle nahmen an denselben Spieleabenden teil und gingen gemeinsam zu Happy Hours. Sicher kam es auch gelegentlich zu Fehlgriffen des Managements, wie das eine Mal, als CEO Perry Chen Schauspieler in Dinosaurierkostümen anheuerte, die eine Woche lang in den Büros herumliefen, um die Atmosphäre am Arbeitsplatz mit ein wenig Albernheit aufzulockern.[104] (Mehrere Angestellte kündigten aus Protest.) Aber im Allgemeinen wuchs Kickstarter weiter, und die informelle Arbeitskultur war dabei ein Asset.

Wenn das Geschäft gut läuft, bleiben die Konsequenzen dieser undeutlichen Linie zwischen Arbeit und Vergnügen harmlos – wie etwa eine verlegene Interaktion im Flur oder die Irritation darüber, ob eine Veranstaltung nach der Arbeitszeit freiwillig oder verpflichtend ist. Aber wenn ein Unternehmen schwere Zeiten durchläuft, können die sozialen Verbindungen angesichts des wachsenden ökonomischen Drucks schnell brüchig werden.

»Als Menschen streben wir nicht nach materiellen Beziehungen, sondern nach sozialen«, meinte Taylor mir gegenüber. »Wenn das Büro sich selbst als der Vermittler und der Ursprung sozialer Beziehungen präsentiert, denken wir uns: ›einem geschenkten Gaul schaut man nicht ins Maul‹, aber sobald etwas schiefgeht, bekommt die Fassade Risse.« Weil unter der Oberfläche von Freundschaft und Kameradschaft das liegt, was tatsächlich wichtig ist: Geld und Macht.

Mitte August 2018 fiel dem für die Einhaltung von Höflichkeitsregeln auf der Plattform verantwortlichen »Trust-and-Safety«-Team bei Kickstarter auf, dass User ein Projekt gemeldet hatten, das Gewalt befürworten würde. So etwas kam relativ häufig vor; jeder mit einem Kickstarter-Account konnte auf ein Projekt hinweisen, damit das »Trust-and-Safety«-Team es checkte. Das betreffende Projekt hieß *Always Punch Nazis* (Hau immer auf Nazis drauf), ein augenzwinkerndes Comicbuch, in dem es um den Kampf der Vereinigten Staaten gegen den Rassismus ging und in dem ein Team von Superhelden – Sie vermuten es sicher schon – Nazis verprügelt.[105] Das Comicbuch war eindeutig satirisch, die Seiten waren gefüllt mit den üblich übertriebenen Darstellungen und den »Booms« und »Pengs« in Textblasen, die man von einer Graphic Novel erwartet.

Damals besagte die Richtlinie gegen Gewalt bei Kickstarter, satirische Gewalt, die »nach oben austeilt«, gegen Menschen in Machtpositionen, sei in Ordnung, und Gewalt, die »nach unten tritt« – zum Beispiel jemand in einer Machtposition, der eine unterdrückte Gruppe ins Visier nimmt –, sei nicht okay. Das »Trust-and-Satefy«-Team entschied, *Always Punch Nazis* dürfe auf der Plattform bleiben. Dann brachte die rechte Nachrichtenseite *Breitbart* eine Story, die Kickstarter beschuldigte, ein »zur Gewalt anstachelndes« Projekt zu fördern .[106] In der Woche darauf überstimmte das Kickstarter-Management heimlich, still und leise die Entscheidung des »Trust-and-Satefy«-Teams und ordnete an, das Projekt von der Plattform zu nehmen.

Die Mitarbeiter des »Trust-and-Satefy«-Teams waren Experten für die Richtlinien, die sie selbst entworfen hatten, und der diverseste Bereich im Unternehmen. Sie achteten besonders darauf, inwiefern Richtlinien die Schaffenden aus marginalisierten Gruppen beeinflussten. Sie wollten wissen, wieso das überwiegend weiße Managementteam beschlossen hatte, das Projekt von der Plattform zu nehmen. Welche Richtlinien hatte das Projekt verletzt? Wieso schien die Plattform sich dem Druck durch *Breitbart* zu beugen?

Ein weibliches Senior-Teammitglied lud seine Freundin und Kollegin Amy zum Kaffee ein, um dieser zu erzählen, dass das Management die Entscheidung des Teams überstimmt hatte. Als Software-Ingenieurin war Amys Job recht sicher angesichts der Hackordnung der Techindustrie, also entschied sie sich, etwas zu unternehmen. Sie brachte die Diskussion zu diesem Thema an die Öffentlichkeit, wenn auch etwas verklausuliert, da sie dies auf Slack, dem Messengerdienst des Unternehmens, publizierte.

Am 16. August teilte Amy einen Nachrichtenartikel über ein anderes Techunternehmen, das vor Kurzem Gegenwind erhalten hatte, weil es Zahlungen für Organisationen der Alt-Right weitergeleitet hatte. Sie schrieb dazu, wie stolz sie sei, mit Kickstarter für ein Unternehmen zu arbeiten, das für seine Überzeugungen geradestand. Auch wenn der Beitrag sich nicht explizit um *Always Punch Nazis* drehte, beabsichtigte Amy, eine umfassendere Diskussion über die Werte von Kickstarter anzustoßen.

Ein Kollege aus dem Bereich Software-Engineering stimmte zu. Dann meldete sich ohne weitere Absprache Justine Lai, Mitglied des »Trust-and-Safety«-Teams zu Wort: »Nun, wir werden das Projekt *Always Punch Nazis* beenden, also weiß ich nicht, ob das in der Form stimmt.« So bekam der Rest des Unternehmens erstmals davon Wind, dass das Management die Kampagne für *Always Punch Nazis* gestoppt hatte. Justines Kommentar führte zu dem, was die Angestellten einen »Slack-Mob« nannten. Mitarbeiter aus allen Bereichen der Firma überschwemmten Slack mit Anfragen, gegen welche Richtlinie das Projekt laut Management verstoßen habe. Als die Kommentare und Fragen sich häuften, ordnete das Leitungsteam von Kickstarter ein Notfallmeeting des gesamten Unternehmens in der Bibliothek an.

Beim Meeting war das Managementteam hinter einem Holztisch platziert, der sich über die gesamte Länge des Raums erstreckte, während die gesamte Belegschaft vor ihnen wie Kinder auf dem Boden saß. Auch wenn das Ganze als Diskussion präsentiert wurde, fühlte es sich den Angestellten zufolge mehr wie eine Gerichtsverhandlung an.[107] Niemals zuvor war der Abstand zwischen den Angestellten und dem Management deutlicher zutage getreten. Flankiert von Kickstarters Vice President für Kommunikationsstrategie und der Leitung des »Trust-and-Safety«-Teams ergriff Christopher Mitchell, jüngst von Kickstarter als Chefjurist eingestellt, als Erster das Wort. Er gab ein kurzes Statement ab, das Management habe das Projekt beendet, weil es Kickstarters Richtlinie gegen Gewalt verletze. Dann eröffnete das Leitungsteam die Fragerunde.

Viele Kickstarter-Mitarbeiter nahmen die Entscheidung, das Projekt von der Plattform zu nehmen, persönlich. Sie hatten sich aufgrund der wertebasierten Firmenkultur für Kickstarter entschieden und waren enttäuscht, dass das Management vor dem Druck der rechten Medien eingeknickt war, statt die von den Kickstarter-Angestellten verfassten Richtlinien hochzuhalten. Es wirkte heuchlerisch – besonders vonseiten eines Unternehmens, das sich gemeinnützig nannte und sich gerne die Mission auf die Fahnen schrieb, Künstler zu unterstützen.

Ein Mitarbeiter nach dem anderen nahm das Mikrofon und äußerte seine Meinung. Brian Abelson, ein Software-Ingenieur, bezeichnete die Entscheidung des Managements als skrupellos und, wenn es darauf beharrte, würde er keinesfalls weiter dort arbeiten. Camilla Zhang, die Leiterin der Abteilung, die den Kontakt zu den Comicbuchautoren hielt – und regelmäßig das Gesicht des Unternehmens bei Comic-Konferenzen –, stellte die Frage, wie das Management sie schützen wolle, wenn Künstler und Schriftsteller sie für die Entscheidung, das Projekt zu beenden, angreifen würden. Taylor war zu diesem Zeitpunkt seit fünf Jahren bei Kickstarter tätig und brachte das Argument vor, es gehe darum, das Richtige zu tun, und nicht nur darum, »den internen Regeln auf legalistische Weise gerecht zu werden«.

»In diesem Augenblick war kristallklar, dass es unethisch wäre, die gesamte Macht im Unternehmen in den Händen dieser Handvoll Menschen zu belassen«, sagte Taylor später.[108] »Sie gingen mit dieser Macht nicht verantwortungsvoll um.« Die Belegschaft verließ das Meeting wütend und ermutigt zugleich – wütend über den Verstoß des Managements gegen die offen kommunizierten firmeneigenen Werte und ermutigt durch die Kollegen, die furchtlos ihre Meinung kundgetan hatten. Indem sie sich bei diesem Treffen zu Wort meldete, demonstrierte die Kickstarter-Belegschaft erstmals kollektives Handeln.

Als er das Meeting verlassen hatte, traf Taylor in der Poststelle des Unternehmens auf Brian, den Software-Ingenieur, der mit Kündigung gedroht hatte. Taylor sah seinem Kollegen in die Augen und rief ein einziges Wort: »Gewerkschaft!«

Historisch betrachtet, gründeten Arbeiter Gewerkschaften als Gegengewicht zur Macht des Managements. Kollektiv zu verhandeln, hilft ihnen, faire Bezahlung, betriebliche Leistungen und sichere Arbeitsbedingungen sowie ein Mitspracherecht bei unternehmensweiten Entscheidungen zu erhalten. Während familiär organisierte Unternehmen auf Kameradschaft und Vertrauen aufgebaut sind, basieren Firmen mit Gewerkschaften auf vertraglichen Verpflichtungen. Aber in den Vereinigten Staaten hat die Mitgliedschaft in Gewerkschaften in den letzten Jahrzehnten jäh abgenommen. Auf dem Höhepunkt der Gewerkschaften in den 1950er-Jahren gehörte einer von drei Amerikanern einer Gewerkschaft an.[109] 2012 war es nur noch einer von zehn; der niedrigste Anteil in der Geschichte.

Es gibt verschiedene Gründe, weshalb sich immer weniger Menschen in Gewerkschaften engagieren. Gesetze wie der Taft-Hartley-Act und die »Recht-auf-Arbeit«-Gesetzgebung haben die Barrieren für Angestellte und Arbeiter erhöht, die sich organisieren wollen, und es den Unternehmen einfacher gemacht, Gewerkschaften auszuschalten. Beschäftigungszweige und Industrien, in denen die Mitgliedschaft in Gewerkschaften historisch am höchsten war, so wie im fabrizierenden Gewerbe, haben abgenommen, während das Jobwachstum in Industriezweigen wie der Techindustrie am höchsten war, wo Gewerkschaften traditionellerweise nicht existierten.

Am Tag nach dem Meeting der gesamten Firma verschickte Cassandra Marketos, Vizepräsidentin für Kommunikationsstrategie bei Kickstarter, eine E-Mail an das gesamte Unternehmen, in der stand, dass die Entscheidung, das Projekt *Always Punch Nazis* von der Plattform zu nehmen, rückgängig gemacht wurde. Den Mitarbeitern schwoll die Brust vor Stolz, denn ihre kollektiven Beschwerden hatten sich ausgezahlt. Aber in der folgenden Woche erfuhren sie, wie hoch die Kosten ihres Erfolgs waren.

Mitchell, der Chefjurist, besuchte das nächste wöchentliche Meeting des »Trust-and-Safety«-Teams, um eine Botschaft zu überbringen. »Es gibt einen Riesenunterschied zwischen persönlichen politischen Überzeugungen und der Unternehmenspolitik, und wenn Sie beides nicht voneinander unterscheiden können, sollten Sie sich einen anderen Job suchen«, sagte er und erhob dabei die Stimme.[110] Sein Tonfall bediente eine der verbreiteten Ansichten über Start-ups, die auf einer Mission sind: Entweder stellst du das Unternehmen über alles oder du kannst nachsehen, wo der Maurer das Loch gelassen hat. Will Pace, der Leiter von Trust and Safety, verkündete seinem Team, er wolle mit jedem ein Gespräch unter vier Augen führen.

In der Woche darauf traf sich Justine Lai, die Frau, die als Erste die Entscheidung des Managements auf Slack geteilt hatte, mit Pace und Andrew Blancato, Kickstarters Leiter der Personalabteilung.

Die drei saßen in einem fensterlosen Raum um einen Tisch herum. Justine wurde mitgeteilt, man könne ihr nicht länger trauen und sie solle darüber nachdenken, einen Auflösungsvertrag zu unterschreiben. Am nächsten Tag schickte man ihr diesen Vertrag und sicherte ihr eine Ablösesumme zu, wenn sie kündigte. Sie nahm den Deal an.

Justines Kündigung brachte für Taylor das Fass zum Überlaufen. Es war klar, dass diese »Familie« bereit war, jemanden wegen einer Nachricht auf Slack loszuwerden. Die Manager beteuerten oft, dass jeder Teil desselben Teams war. Aber als sie Justine zur Kündigung zwangen, merkte Taylor, dass dies Bullshit war. »Sie können uns feuern, aber wir können sie nicht feuern«, sagte Taylor zu mir. »Wir waren nie im selben Team.«

Er war der Meinung, die Angestellten konnten nur auf eine Weise für ein Machtgleichgewicht sorgen – sie mussten sich organisieren. Einen Tag, nachdem Taylor erfahren hatte, dass man Justine herausgedrängt hatte, nahm er einen Block mit Klebezetteln und kritzelte die Namen von Kollegen darauf, von denen er glaubte, sie würden sich gewerkschaftlich organisieren wollen. In derselben Woche telefonierte er herum.

Als Dreh- und Angelpunkt des Soziallebens von Kickstarter war Taylor in der besten Position um herauszufinden, inwieweit die Angestellten geneigt waren, sich zu organisieren. Dieselben sozialen Verbindungen, welche die Firma familiär machten, schufen auch die Bedingungen des Projekts, eine Gewerkschaft ins Leben zu rufen. Nachdem Justine gegangen war, tauschten sich die einfachen Angestellten aus und stellten fest, dass das, was zuerst wie einzelne Vorkommnisse erschien – ungleiche Behandlung und fehlende Beteiligung an Entscheidungen –, tatsächlich Teil des Systems war.

So wie Taylor interessierten sich auch die anderen Köpfe dieser Initiative – wie Travis Brace vom Community-Team, RV Dougherty vom Trust-and Safety-Team und Clarissa Redwine vom Creator-Outreach-Team –, nicht dafür, weil sie Kickstarter ablehnten. Genau das Gegenteil war der Fall. Sie organisierten sich, weil sie glaubten, Kickstarter und seine Angestellten waren es wert, für all das zu kämpfen.

Clarissa erinnert sich, dass Taylors Anruf völlig aus heiterem Himmel kam. Damals war sie die einzige Mitarbeiterin von Kickstarter an der Westküste, also bedeutete der Anruf um 18 Uhr für Taylor eine lange Nacht im Büro. Er schilderte ihr, wie wenig die Kickstarter-Belegschaft die Ausrichtung des Unternehmens mitbestimmen durfte. Er nannte Beispiele, wie die Kampagne für Always Punch Nazis und die kontroverse Entscheidung des Managements, Drip zu beenden – ein weiteres Crowdfunding-Tool, das Taylor und andere im Jahr zuvor mitentwickelt hatten –, bevor es überhaupt lanciert wurde. Dann kam er zu seinem eigentlichen Anliegen. »Einige von uns haben darüber geredet, vielleicht eine Gewerkschaft zu gründen«, sagte er. »Würdest du mitmachen?«

Zuerst zögerte Clarissa. Sie liebte ihre Arbeit und war im Begriff, alle ihre Bekannten in Kalifornien zurücklassen, um nach New York zu ziehen, damit sie näher am Hauptsitz von Kickstarter leben würde. Taylors Vorschlag hatte sie neugierig gemacht, aber es schien riskant, die Gründung einer Gewerkschaft voranzutreiben. Sie wollte nicht ihren Lebensunterhalt in einem Moment gefährden, in dem sie plante, umzuziehen.

Niemandem auf die Füße treten zu wollen, ließ Angestellte oft zögern, beim Aufbau dieser Organisation zu helfen. In der Techbranche herrsche »diese Familienkultur, die nicht sehr tief reicht«, sagte Grace Reckers, eine Organisatorin bei der Office and Professional Employees International Union, in einem Interview mit *Wired.*[111] »Es gibt diese Angst vor Konflikten.« Reckers weiß ebenso gut wie alle anderen, dass die betont familienartigen Bindungen in Unternehmen (»Wir kümmern uns hier umeinander!«) darauf abzielen, Gewerkschaften zu untergraben. Doch Mitarbeiter brauchen vertraglichen Schutz und kein süßes Liebesgeflüster der Konzerne.

Nachdem sie drüber geschlafen hatte, war Clarissa sich der Vorteile bewusst – die trotz der Risiken bestanden –, wenn man sich in einer Gewerkschaft organisieren würde, sowohl für aktuelle als auch künftige Kickstarter-Angestellte. Am nächsten Tag ließ sie Taylor wissen, sie wolle sich begeistert dem Vorhaben anschließen.

Nachdem sie nach New York gezogen war, trafen sich Clarissa, Taylor und etwa ein Dutzend weiterer Angestellter regelmäßig in Taylors Podcasting-Studio mit den nackten Ziegelwänden, das nur einen Spaziergang vom Büro entfernt lag. Der Kühlschrank war mit Sixpoint-Lagerbier gefüllt, und sie wechselten sich ab, wer die Pizza fürs Treffen mitbrachte. Es war aufregend, diese Organisation auf die Beine zu stellen. »Wir fühlten uns wie die Avengers«, sagte mir Taylor, denn jeder Angestellte schien seine einzigartige Superkraft mitzubringen.

In den nächsten Monaten gelang es den Köpfen des Gewerkschaftsprojekts besser, sich zu organisieren, und sie rekrutierten andere Kollegen, um sich den Bemühungen anzuschließen. RV lehrte den Rest der Gruppe einige Lektionen aus den früheren Erfahrungen ihrer politischen Aktivitäten, und Travis half, neue Mitglieder zu kontaktieren, aber größtenteils waren alle noch unerfahren in puncto Gründung einer Organisation. Sie verbrachten die Meetings damit, bei Google zu recherchieren, etwa nach Fragen wie: »Wie gründe ich eine Gewerkschaft?«

Die Organisatoren trafen sich nach und nach mit jedem Kollegen, der nicht auf der Managementebene arbeitete, um zu erkunden, ob er sich dem Vorstoß anschließen wollte. Diese Meetings fanden in der Mittags- oder Kaffeepause statt, beim Frühstück zu Arbeitsbeginn oder beim Feierabendbier, denn es war wichtig, sich nicht während der Arbeitsstunden zusammenzutun. Kurz nachdem sie sich dieser Organisation angeschlossen hatte, baten die anderen Clarissa, beim Leitungsteam mitzumachen, wodurch auch sie zum öffentlichen Gesicht der Gewerkschaftsinitiative wurde. Die Organisatoren verschickten E-Mails an das gesamte Unternehmen, um zu erklären, wieso sie eine Gewerkschaft gründen wollten, wobei die Gesichter aller Beteiligten unter jeder Nachricht abgebildet waren.

Als Clarissa immer mehr als eine treibende Kraft der angestrebten Gewerkschaft auftrat, erhielt sie zunehmend Gegenwind von Kollegen, die dieses Vorhaben kritischer sahen. Diese Art, Teammitglieder auf Linie zu halten, ist laut den Experten für Arbeitsplatzkultur, mit denen ich gesprochen habe, weitverbreitet – sowohl bei denjenigen, die eine Gewerkschaft gründen wollen als auch in familiären Firmenkulturen. »Die Leute entwickeln eine solche Leidenschaft für ihre Mission«, erzählte mir Green, die erwähnte Kolumnistin bei *Ask a Manager*, »dass sie häufig persönlich beleidigt reagieren, wenn ein Kollege, der nicht dem Management angehört, ihnen zeitliche Grenzen setzen oder bestimmen will, was ihre Arbeit wert ist.«

Nicht alle Angestellten waren dafür, eine Gewerkschaft zu gründen. In einem Memo, das an alle Mitarbeiter ging und an *Gizmodo* geleakt wurde, schrieben drei Führungskräfte: »Gewerkschaften sind von ihrer Geschichte her dafür gedacht, die verletzlichen Mitglieder der Gesellschaft zu schützen, und wir haben den Eindruck, die demografische Zusammensetzung dieser Gewerkschaft untergräbt diese wichtige Funktion.« Sie fügten hinzu, sie machten sich »Sorgen, dass privilegierte Angestellte diese Gewerkschaft zu missbräuchlichen Zwecken einsetzen«.[112]

Nachdem sie eine bekannte Anführerin des Gewerkschaftsprojekts geworden war, schlug Clarissa einer Kollegin im Marketing eine Idee für einen Leitartikel vor – was normal war für Angestellte wie Clarissa mit einem Draht zu den Kreativen bei Kickstarter. Diese Kollegin antwortete Clarissa, sie solle ihr nicht sagen, wie sie ihren Job zu machen habe, und meldete deren Aufforderung dem Management.

Es kam noch mehr Gegenwind auf sie zu. In ihren ersten drei Jahren im Unternehmen – bevor sie sich der Gewerkschaftsinitiative angeschlossen hatte – hatte Clarissas Vorgesetzter ihre Leistungen stets begeistert bewertet. Aber nachdem sie zu einem sichtbaren Mitglied des Gewerkschaftsteams geworden war, erhielt sie zunehmend ein »Persönlichkeits-Feedback«. Dabei handelt es sich um Kritik, oft geschlechtsspezifisch, die sich gegen den Charakter eines Angestellten wendet, statt seine Leistungen zu kritisieren. Man sagte ihr, ihr »Tonfall sei nicht nett genug«, und dass sie »es versäumte, Vertrauen zum Management aufzubauen«.

Taylor erhielt ebenfalls zunehmend kritisches Feedback, nachdem er als Organisationsmitglied bekannt geworden war. Doch anders als Clarissa wurde er vor allem für seine Leistung kritisiert. Man verordnete ihm einen Performance-Improvement-Plan, und er musste fortan spezifische Maßzahlen erfüllen, wenn ihm weiter an einem guten Stand im Unternehmen lag.

Solche Kritik an der Leistung und dem Charakter eines Arbeitnehmers bezeichnet man in der Welt der Arbeitsorganisationen als »Scheingrund«. Dies ist eine übliche Taktik des Managements, wenn es die Anführer der Gewerkschaft gerne einfach feuern würde und es gesetzlich jedoch nicht möglich ist, aufgrund des reinen Organisierens zu kündigen.

Während Clarissa, Taylor und andere Organisatoren sich mit den Angestellten unter vier Augen trafen, um sich ihre Beschwerden anzuhören und Interesse an der Gewerkschaft zu wecken, äußerten die Manager bei Kickstarter ihren Widerstand offener. In einer E-Mail an die gesamte Belegschaft erklärte Aziz Hasan, der den CEO-Posten 2019 von Chen übernommen hatte, das Unternehmen würde nicht freiwillig eine Gewerkschaft gründen.[113] Seinen Worten nach würde eine Gewerkschaft »die Art, wie wir das Unternehmen betreiben und zusammenarbeiten, verändern«, und die Firma würde »ohne den Rahmen einer Gewerkschaft besser für den Erfolg aufgestellt sein«.

Aber die Bemühungen, sich gewerkschaftlich zu organisieren, gewannen an Schwung. In den Treffen mit einzelnen Mitarbeitern betonten die Organisatoren, dass sie nicht nur für betriebliche Leistungen und gleiche Bezahlung kämpften, sondern auch für ein Mitspracherecht bei strategischen Entscheidungen des Unternehmens. Sie kämpften für einen angemessenen Überstundenausgleich und für den Kündigungsschutz bei Gefährdung ihrer Arbeitsplätze. »Ich hoffe, ich brauche meinen Sicherheitsgurt nie«, sagte Taylor, »aber ich lege ihn immer noch jedes Mal an, wenn ich ins Auto steige.«

Im September 2019, fast ein Jahr, nachdem Taylor Clarissa erstmals angerufen hatte, um sie für die Idee einer Gewerkschaft zu begeistern, wurden sie beide in einen Konferenzraum gebeten – der gleiche fensterlose Raum, in dem man vor einem Jahr Justine ihren Auflösungsvertrag angeboten hatte – und ohne Weiteres mit einer vagen Begründung gefeuert. Die vorherigen zwei Quartale waren für Taylors produktivste Zeit bei Kickstarter gewesen, und er hatte jede Maßzahl seines Performance-Improvement-Plans übertroffen.

Clarissa und Taylor beschlossen, ihre Abfindung nicht anzunehmen, denn dann hätten sie eine Schweigeklausel unterschreiben müssen, und beide legten Beschwerde wegen ungerechtfertigter

Kündigung beim National Labor Relations Board ein. »@kickstarter: Ich werde die Auflösungsvereinbarung nicht unterschreiben, die eine Schweigeklausel enthält«, twitterte Clarissa am 12. September 2019. »Sie können meine Abfindung behalten.«[114]

Von den Angestellten eine Unterschrift unter einen Auflösungsvertrag und eine Schweigeklausel zu verlangen, ist weitverbreitet. Damit können die Unternehmen auch Angestellte daran hindern, Fehlverhalten aufzudecken. »Es gibt keine Verantwortlichkeit ohne Transparenz«, sagte mir Ifeoma Ozoma, die früher in den Teams für Unternehmensrichtlinien bei Facebook, Google und Pinterest gearbeitet hat.

Ozoma half dabei, ein Gesetz in Kalifornien mit dem Namen »Silence No More Act« (A. d. Ü: ein Gesetz, das »nicht mehr zum Schweigen verpflichtet«) auf den Weg zu bringen, das den Angestellten erlaubt, Informationen über Diskriminierung und Mobbing auch dann zu veröffentlichen, wenn eine Schweigeverpflichtung unterschrieben wurde. Ihr Engagement für dieses Gesetz basierte auf ihrer Diskriminierungserfahrung bei Pinterest. »Die Leute können nicht über ihre Erlebnisse und das, was vielleicht immer noch in dem Unternehmen vorgeht, transparent sein, wenn sie von Rechts wegen nicht darüber reden dürfen, was vorgefallen ist.« Ozoma ist der Ansicht, dass offene Kommunikation die Grundlage dafür ist, Themen wie Diskriminierung, Mobbing und anderes missbräuchliches Verhalten anzusprechen. »Das bedeutet nicht, dass es wirklich aus der Welt geschaffen wird«, sagte sie, »aber wenn man nicht darüber reden darf, besteht überhaupt keine Chance, dass diese Probleme gelöst werden.«

Taylor und Clarissa hatten deshalb kein Problem damit, mir ihre Geschichten zu erzählen, weil sie keine Schweigeverpflichtung unterschrieben hatten, als man sie entließ. Nachdem sie gefeuert wurden, gingen sie an die Öffentlichkeit und schilderten ihre Erfahrungen mit der Gründung einer Gewerkschaft bei Kickstarter, was zu der breiten Unterstützung dieser Initiative der Angestellten führte. Es setzte das Management von Kickstarter außerdem unter Druck, einige ihrer gewerkschaftsfeindlichen Praktiken zu reduzieren. Aber es war noch nichts gewonnen. Bevor sich eine Gewerkschaft offiziell bilden konnte, musste es erst zur Abstimmung kommen.

Im Februar 2020, fünf Monate nachdem Taylor und Clarissa gefeuert worden waren, fuhren zwei Dutzend Kickstarter-Mitarbeiter aus ihrem Büro in Greenpoint zum Büro des National Labor Relations Board in der Innenstadt, um sich die Ergebnisse der Abstimmung zur Bildung einer Gewerkschaft des vorherigen Monats anzuhören. Diese Aktion hatte beinahe zwei Jahre Vorarbeit erfordert. Die Organisatoren brauchten eine Mehrheit der stimmberechtigten Angestellten für die Bildung einer Gewerkschaft, damit diese anerkannt wurde.

»Wenn man Langeweile anbeten würde, wäre das die geeignete Kirche dafür«, beurteilte Taylor den Anhörungsraum des NLRB, in dem sie die Stimmen zählten. Aber obwohl er farblose Regierungsbürokratie ausstrahlte, war der Raum an diesem Morgen von spürbarer Energie erfüllt. Taylor befand sich zusammen mit RV und Travis im hinteren Teil des Zimmers. Die aktuellen Kickstarter-Angestellten, Vertreter des Managements und die Anwälte des Unternehmens saßen auf Stuhlreihen vor ihnen. Ein vorne platzierter Vertreter des NLRB öffnete die versiegelte Urne mit den Stimmzetteln.

Er las quälend langsam eine Stimme nach der anderen vor. Die Mitarbeiter schrieben mit, wobei ihnen die Bleistifte aus den verschwitzten Händen glitten. Nach einer halben Stunde standen die Ergebnisse fest: 46 Jastimmen, 37 Neinstimmen. Applaus und Weinen erfüllten den Raum. Die Kickstarter-Gewerkschaft war die erste, vollumfänglich anerkannte Organisation ihrer Art in einem Techunternehmen in der Geschichte der USA.

»Mir war, als hätte ich mir einen Amboss aufgeladen, als ich zum ersten Mal diese Liste mit Namen der potenziellen Organisationsmitarbeiter auf die Post-its schrieb«, erzählte mir Taylor. »Und nach dieser Abstimmung wurde ich ihn endlich los.«

Bereits vor Jahresende machte sich diese Abstimmung für die Angestellten bezahlt. Im Mai 2020 verlor Kickstarter 39 Prozent der Beschäftigten aufgrund von Entlassungen und Firmenübernahmen im Zuge der pandemiebedingten Wirtschaftskrise. Aber statt die üblichen zwei bis drei Wochen Abfindungszahlungen zu erhalten, die das Management vorgeschlagen hatte, handelte die Gewerkschaft vier Monate Gehälter und mindestens vier Monate Krankenversicherung für die scheidenden Angestellten aus.

Im September 2020 befand das NLRB, es lägen genügend Belege für Verstöße gegen den National Labor Relations Act durch das Kickstarter-Management vor, weil sie Taylor gefeuert hatten. Im folgenden Monat erklärte sich das Unternehmen bereit, ihm nachträglich 36.598,63 Dollar zu zahlen. Die Einigung war befriedigend, aber für Taylor war der Gewinn der Abstimmung der wahre Sieg.

»Die Macht sollte einfach nicht in Händen einiger weniger liegen, basta«, sagte er zu mir. »Wenn man der Macht eines anderen unterstellt ist, sollte man ein Mitspracherecht haben, wie diese Macht angewandt wird. Das ist die Welt, an die ich glaube. Das ist die Welt, die ich aufbauen will. Und jeder, der diese Prinzipien hochhält, sollte sich an seinem Arbeitsplatz gewerkschaftlich organisieren.«

Berufsbeziehungen – zumindest solche zwischen Managern und Angestellten – werden sich immer grundsätzlich um Machtverhältnisse drehen, selbst an den freundlichsten, progressivsten, und am stärksten von einer Mission getriebenen Arbeitsplätzen. In einer Belegschaft mit eigener Macht sind die Beschäftigungsbedingungen hingegen klar und die Machtstrukturen nicht durch das Gerede von »Familie« verwaschen.

Im Juni 2022, zweieinhalb Jahre, nachdem die Kickstarter-Angestellten mit ihrer Gewerkschaftsinitiative an die Öffentlichkeit gegangen waren, unterzeichnete die Kickstarter-Gewerkschaft ihre erste Vereinbarung nach kollektiven Verhandlungen mit dem Management.[115] Dieses Abkommen garantiert neben weiteren Bestimmungen jährliche Gehaltserhöhungen und Reviews in puncto gleiche Bezahlung; sie limitiert die Nutzung von Zeitverträgen im Vergleich zu Vollzeitangestellten und standardisiert das Prozedere für Beschwerden und Schlichtungen.

»Wenn man in einem System angestellt ist, in dem man stets nur dafür belohnt wird, mehr als die Kollegen zu leisten, kann das zu einem wirklich ungesunden Verständnis der eigenen Position in der Machtstruktur führen«, sagte mir Clarissa. »Wir haben unsere Freundschaften und gemeinsamen Erfahrungen zu Macht umgeformt.«

KAPITEL 6

Überstunden

Über den Mythos, dass mehr Arbeitsstunden immer zu besserer Arbeit führen

Mein Vater baute eine Zeitmaschine, und dann verbrachte er sein ganzes Leben damit, herauszufinden, wie man sie nutzt, um mehr Zeit zu gewinnen. Er verbrachte all die Zeit, die er mit uns hatte, mit dem Gedanken an seinen Wunsch, mehr Zeit zu haben, wenn er doch nur mehr Zeit haben könnte.[116]

— CHARLES YU

Josh Epperson rollt sich einen Joint auf einem Felsen in der Mitte des James River in Richmond, Virginia. Die langen Dreadlocks sind auf seinem Rücken zu einem lockeren Zopf gebunden. Neben seinen nackten Füßen stehen zwei Dosen Thunfisch, eine Plastikdose mit getrockneter Mango und ein Feuerzeug. Am Absatz seines linken Schuhs lehnt ein italienisches Pils.

»Das ist Luxus«, sagt er und breitet die Arme aus, um die Bedeutung des Moments zu betonen. Josh lächelt häufig, vor allem, bevor er irgendetwas sagt, als würde er einem gleich einen Insiderwitz erzählen. Das liegt vielleicht daran, dass der 38-Jährige das Gefühl hat, etwas herausgefunden zu haben, das anderen unbekannt ist. Nach mehr als einem Jahrzehnt in der Unternehmenswelt, wovon er sieben Jahre damit verbrachte, die Karriereleiter einer großen, weltweit tätigen Markenberaterfirma zu durchlaufen, verwendete er die letzten drei Jahre für das, was er »Das Experiment« nennt.

Das Experiment besteht aus drei Prinzipien. Das erste besagt, dass Josh nur Arbeit annimmt, die er für sinnstiftend hält. Zweitens akzeptiert er nur gut bezahlte Arbeit (sein Stundensatz beträgt 130 Dollar). Und drittens eignet sich für ihn nur Arbeit, die es ihm gestattet, weniger als 20 Stunden in der Woche tätig zu sein. In den meisten Wochen arbeitet er 10 bis 15 Stunden, aber sein Jahreseinkommen bewegt sich im sechsstelligen Bereich. Statt seine Expertise zu nutzen, um mehr Geld zu verdienen, wie es die meisten ehrgeizigen Karrieremenschen tun, hat er beschlossen, sein Fachwissen dafür einzusetzen, mehr Zeit zu erwirtschaften.

Joshs berufliche Situation mag heute wie eine Anomalie wirken, aber durch die historische Linse betrachtet ist der Begriff »Retro-Chic« eher angebracht. Einen Großteil der menschlichen Geschichte war es so, dass Menschen umso weniger arbeiteten, je mehr Vermögen sie anhäuften. Der Grund ist einfach: Wenn man Geld hat, kann man es sich erlauben, sich weniger beruflich zu betätigen.

In den meisten Zivilisationen war Freizeit ein Zeichen von Status. Das englische Wort »leisure« (Freizeit) stammt vom lateinischen »licere«, was auch bedeutet, »von Beschäftigung oder Dienst freigestellt zu sein«.[117] Die Athener betrachteten die Freizeit als »den höchsten Wert im Leben« und widmeten sich tagelang der Kunst, trieben Sport und dachten über die Natur der Existenz nach.[118] Aristoteles zufolge war Freizeit und nicht Arbeit »das Ziel allen menschlichen Verhaltens, auf das alle Handlungen gerichtet sind«.[119]

Irgendwo auf dem Weg ist den Amerikanern das Skript abhandengekommen. Jedes Jahr arbeitet der durchschnittliche US-Bürger etwa sechs Stunden pro Woche mehr als der durchschnittliche Franzose, acht Stunden – einen ganzen Arbeitstag – pro Woche mehr als der durchschnittliche Deutsche und dreieinhalb Stunden mehr als die notorisch überarbeiteten Japaner.[120]

Das war nicht immer so. In den 1970er-Jahren arbeiteten Menschen in Amerika, Frankreich und Deutschland etwa dieselbe Stundenanzahl pro Jahr, während die Japaner stets ein wenig mehr leisteten.[121] Im Verlauf des 20. Jahrhunderts senkten gewerkschaftlich organisierte Arbeitnehmer und der technologische Fortschritt die Arbeitszeit. Aber in den letzten 50 Jahren ist ein seltsamer Trend zu verzeichnen: Trotz des Zuwachses an Wohlstand und Produktivität haben viele Amerikaner mit einer Hochschulausbildung – und besonders Männer mit einer Hochschulausbildung – weitaus mehr als früher gearbeitet.[122] Statt den Wohlstand für Freizeit einzutauschen, haben die amerikanischen Karrieremenschen die Freizeit gegen mehr berufliche Aktivitäten eingetauscht.

Jahrelang ist Josh diesem Trend exemplarisch gefolgt. Er opferte bereitwillig mehr und mehr seiner Zeit für ein immer höheres Einkommen. Jedoch entschied er eines Tages im Jahr 2019, dass er die Nase voll hatte. Seither hat er nie mehr als 20 Stunden pro Woche gearbeitet.

Joshs Kindheit war erfüllt von den zwei kleinen Worten »kann nicht«. Die Spielzeuge, die er sich nicht kaufen konnte, die Kleidung, die er nicht tragen konnte, und wenn das Geld gelegentlich besonders knapp war, auch das Abendessen, das er nicht essen konnte. Er wuchs mit seiner Mutter und älteren Schwester in einer Sozialwohnung in Reston auf, einer Stadt im Norden Virginias, die für ihre Parks, Wanderwege und Golfplätze bekannt ist. Aber Josh lernte eine andere Seite der Stadt kennen. Er erinnert sich an das blinkende Blaulicht, das sein Kinderzimmer erhellte, als eines Tages die Polizei einen Mord untersuchte, der vor seinem Fenster geschehen war; an den Schatten der Eichen, unter denen er am Bach saß, während er darauf wartete, dass seine alkoholkranke Mutter wieder nüchtern wurde, und an Nirvana-Alben, die er in seinem Walkman auf Repeat hörte. Mehr als alles andere wollte er dem entkommen.

Josh fand seine Zuflucht in der Gegenkultur: Skateboarding, Punkmusik und Gras. »Ich habe die Gesellschaft schon mit gemischten Gefühlen betrachtet, als ich zwölf war«, erzählte er mir, während wir auf den Fluss in Richmond zugingen, seinem Zuhause seit 20 Jahren. »Ich wusste immer, es kommt niemand, der mich rettet.« Seine Eltern hatten beide keinen Hochschulabschluss. Sein Vater war mal mehr, mal weniger abwesend, und seine Mutter hangelte sich von einem schlecht bezahlten Job bei der Kirche zum nächsten. Also hatte Josh immer einen Job, vor allem als Rettungsschwimmer im örtlichen Schwimmbad. Die Schule spielte stets die zweite Geige gegenüber der Arbeit, dem Skaten und dem Highwerden.

»Josh war ein nettes, neugieriges und abenteuerlustiges Kind«, erzählte mir einer seiner Kindheitsfreunde. »Aber Skaten macht einen einfach rebellisch, es ist von Natur aus antiautoritär.«

Während des ersten Jahres auf der Highschool wurde Josh klar, dass die meisten seiner Freunde wegziehen würden, um aufs College zu gehen, also beschloss er, sein akademisches Leben neu zu überdenken. Er war immer schon auf intellektuelle Weise neugierig gewesen, doch nun lernte er mit einer neugefundenen Motivation: Er wollte es aus Reston herausschaffen. Josh erinnert sich immer noch an die feste Umarmung, die er seinem Algebralehrer gab, als er von ihm die erforderliche Note erhielt, um den Abschluss zu schaffen.

Nach der Highschool ging Josh zwei Jahre auf das Northern Virginia Community College, bevor er an die Virginia Commonwealth University wechselte, was ihn nach Richmond brachte. Er überlegte sich, dass ein Collegeabschluss auf Dauer nützlich sein könnte, auch wenn es ihm nicht besonders wichtig war, eine bestimmte Karriere zu verfolgen. Zwei Jahre war er »einer dieser Leute, welche die kleinen Leuchtstäbe schwenken« für United Airlines am Flughafen Richmond. Er arbeitete fünf Nachtschichten die Woche von 16 Uhr, bis das letzte Flugzeug nach Mitternacht landete. Er verdiente 10 Dollar pro Stunde, ohne Überstundenbezahlung, selbst wenn die Flüge sich bis zu den frühen Morgenstunden verspäteten. Am Ende jeder Schicht machte er das flackernde Licht an seinem Fahrrad an und radelte 35 Minuten nach Hause. *Das bringt es nicht wirklich*, dachte er.

Die gängigen Geschichten bezüglich Überarbeitung zeigen oft Manager, die im Urlaub ihre E-Mails checken oder Entrepreneure aus dem Silicon Valley, die bis spät in die Nacht programmieren. Zumindest in den Vereinigten Staaten wird Geschäftigkeit eher wertgeschätzt als verachtet. Die Gig-Plattform Fiverr zum Beispiel feierte 2017 in einer Anzeigenkampagne diejenigen, die »zum Mittagessen einen Kaffee trinken« und deren »Droge der Wahl der Schlafentzug ist«.[123]

Es ist jedoch wichtig zu sehen, dass die Gründe für die vielen Arbeitsstunden der Amerikaner je nach Branche und Gesellschaftsschicht unterschiedlich ausfallen. Für jeden Ryan Burge, der so viel arbeitet, weil er Sinn in seinem Beruf findet, und jede Fobazzi Attarh, die so viel leistet, weil ihre Arbeitgeber überzogen viel erwarten, gibt es einen 24-jährigen Josh: einen erschöpften Angestellten, der sich abmüht, um einfach nur über die Runden zu kommen. Laut eines Berichts des Economy Policy Institute arbeiteten 2016 die am schlechtesten verdienenden 20 Prozent (das unterste Quintil) der Amerikaner 25 Prozent mehr Stunden als 1979.[124] Da die Löhne der US-Bürger mit niedrigem Einkommen stagnieren, mussten sie mehr Stunden tätig sein, um über die Runden zu kommen.

Sich zu überarbeiten, ist nicht nur eine Frage der geleisteten Stunden, sondern auch der Intensität und Unvorhersagbarkeit dieser Stunden. Menschen in schlecht bezahlten Jobs können weniger steuern, wann, wo und wie hart sie arbeiten. So muss zum Beispiel Derek DeRoche, der über eine Plattform Gelegenheitsjobs annimmt, zwischen Anfragen nach Essenslieferungen, Taxidiensten und Handwerkerjobs jonglieren. Wenn er gerade nicht arbeitet, muss er herausfinden, wo sein nächster Gig ist – Zeit, für die er nicht bezahlt wird. »Ich müsste extrem häufig zur Verfügung stehen, damit das ein ernsthaftes Einkommen wäre«, berichtete er mir. »So viel also zum Thema, dass man sein eigener Chef ist.«

Darüber hinaus breiten sich die Plattformen für Gelegenheitsjobs vom Silicon Valley ebenso in alle Welt aus wie die amerikanischen Standards für Arbeiter mit Gelegenheitsjobs. Selbst in Ländern mit starken Arbeitsschutzgesetzen wie Norwegen und Deutschland werden Gig-Arbeiter oft als selbstständig geführt, wodurch sie nicht dieselben Rechte wie Vollzeitangestellte haben, wie das Recht auf bezahlte Freizeit oder die Verhandlungsmacht eines Kollektivs wie einer Gewerkschaft.[125] Der Tribut der langen Arbeitsstunden, der oft mit schlecht bezahlten Jobs einhergeht, wird durch weniger Schutzbestimmungen noch verschlimmert – sowohl vonseiten der Gig-Plattformen als auch des Staats.

Mit 25 beschloss Josh, seinen Job am Flughafen aufzugeben. Er fand einen Verwaltungsjob in einem örtlichen Krankenhaus, bei dem er 12 Dollar die Stunde verdiente. Auch wenn das höhere Gehalt nicht lebensverändernd war, war Josh das erste Mal von Menschen umgeben, die ihre Arbeit mit Leidenschaft verrichteten. Er organisierte das Catering für gemeinsame Mittagessen, bei denen die festangestellten Ärzte mit denjenigen in der Ausbildung die verblüffendsten Fälle des Tages besprachen, und er blieb oft dabei, um zuzuhören. »Sich in Gegenwart von Menschen zu bewegen, denen wichtig war, wie sie ihre Zeit verbrachten, bis hin zu dem Punkt, dass sie eine Menge Zeit für ihren Job aufbringen *wollten*, das war etwas Neues für mich«, sagte er mir. »Es stellte meine Vorstellungen über die Natur der Arbeit infrage.«

Allerdings sind vielleicht Ärzte in der Ausbildung nicht unbedingt das beste Beispiel für Menschen, die viel arbeiten *wollen*. Das Modell der ärztlichen Ausbildung in Krankenhäusern schuf William Stewart Halsted, ein Chirurg, der glaubte, dass die Medizinstudenten während ihrer Ausbildung im Krankenhaus wohnen sollten, um sich ganz ihrer Arbeit zu widmen.[126] Halsted war auch ein berüchtigter Workaholic und zudem kokainsüchtig. Und dennoch werden die Grundsätze seines Ausbildungsmodells bis heute hochgehalten. In vielen Bürojobs sind Überstunden die Norm, und es werden immer mehr.

Ein Beispiel dafür sind Anwälte. Die meisten Kanzleien schreiben ihren Angestellten in puncto Bezahlung eine Mindeststundenzahl vor. In Großstädten beträgt die Mindeststundenzahl etwa 2000 Stunden pro Jahr, was etwa 40 Stunden mit Klienten pro Woche sind, aber die Erwartungen liegen unter der Hand weit höher. Die vergütbaren Stunden beinhalten nicht die Zeit, die man mit Pendeln, Essen, Akten oder ironischerweise der Abrechnung dieser Stunden verbringt, die Anwälte entweder in 15 oder 6 Minuten lange Abschnitte einteilen.

Viele Anwaltskanzleien binden die Boni am Ende des Jahres daran, dass man eine bestimmte Stundenzahl erreicht. Einerseits ist dies sinnvoll, da viele Kanzleien ihren Klienten Stundenpreise berechnen. Aber laut einigen Anwälten, mit denen ich gesprochen habe, schafft dies auch den irregeleiteten Anreiz, der viele Überstunden mehr belohnt, als qualitativ hochwertige Arbeit abzuliefern. »Finanziell gewinne ich nichts, wenn ich effizienter arbeite«, erzählte mir ein Prozessgehilfe aus einer Kanzlei in New York. »Stattdessen muss ich einfach noch *mehr* Arbeit leisten, um auf meine Stunden zu kommen.«

Unter den vielen Gründen, wieso die Amerikaner so viel arbeiten, findet sich eine Konstante über alle Wirtschaftszweige hinweg: die Kultur des amerikanischen Managements. Und diese Kultur – in der die Manager gewissenhaft alle Stunden der Angestellten überwachen – ist größtenteils das Erbe eines Mannes: Frederick Winslow Taylor. Auch wenn Taylor vor über einem Jahrhundert gestorben ist, bleibt sein Buch *Principles of Scientific Management* (dt.: *Die Grundsätze wissenschaftlicher Betriebsführung*) bis heute eines der einflussreichsten Wirtschaftsbücher. Um zu begreifen, wie die Arbeitgeber die Zeit der Angestellten managen, müssen Sie verstehen, wie Frederick Taylors Zeitmanagement aussah.

Taylor wirkte, als wäre er in einem Dreiteiler mit der Stoppuhr in der Hand auf die Welt gekommen. Er wurde 1856 als Kind reicher Eltern, die Quäker waren, in Philadelphia geboren. Zwei Jahre seiner Kindheit verbrachte er auf Reisen durch Europa, bevor er die Phillips Exeter Academy besuchte. Statt Anwalt zu werden, wie sein Vater, ein Princeton-Absolvent, entschied sich Taylor für eine Ausbildung als Maschinist bei einer Firma, die Pumpen herstellte. Danach erhielt er eine Stelle bei Midvale Steel, einem erfolgreichen Stahlproduzenten, wo er schnell die Karriereleiter erklomm. Er stieg vom Hilfsarbeiter, der die Stunden der Mitarbeiter überwachte, zum Maschinisten, Vorarbeiter des Werks und schließlich zum Chefingenieur auf – noch bevor er 30 war.

In Midvale entwickelte Taylor seine Managementtheorie. Während er im Werk arbeitete, stellte er fest, dass seine Kollegen nur minimalen Aufwand betrieben, was zu höheren Lohnkosten für das Unternehmen führte. Taylor empfand die mangelnde Leistungsbereitschaft seiner Kollegen als persönliche Beleidigung. Als er in Leitungspositionen aufstieg, engagierte er sich dafür, noch mehr Arbeit aus den Angestellten herauszupressen.

Taylor benutzte Stoppuhren in der Werkhalle, um festzustellen, wie effektiv die Maschinen und die an ihnen tätigen Menschen arbeiteten. Er unterteilte jede Arbeit in einzelne Schritte – ein Stück Metall aufheben, das Werkstück in der Drehbank fixieren, die Stellen markieren, wo es abgeschnitten werden muss – und maß dann, wie lange es dauerte, um jeden dieser Handlungsschritte durchzuführen. Taylor glaubte an »eine beste Methode« für jede Aufgabe, die sich durch genaue Inspektionen herausfinden ließ. Jeder Handlungsschritt war eine Option, die Effizienz zu maximieren und damit dem Unternehmen Geld zu sparen.

Nach zwölf Jahren bei Midvale und einigen Jahren bei dem Betreiber eines großen Papierwerks eröffnete Taylor seine eigene Beratungsfirma, um seine Philosophie der »wissenschaftlichen Betriebsführung« den Massen schmackhaft zu machen. Unternehmen heuerten ihn an, damit er mit seiner Stoppuhr auftauchte, die Arbeiter unter die Lupe nahm und den Workflow optimierte. Aber Taylors »wissenschaftlicher« Ansatz war nicht völlig unproblematisch.[127] Er war dafür berüchtigt, die Zahlen zu schönen, seine Kunden zu belügen und die Berichte über seine Erfolge aufzublasen.

Ein Kunde, Bethlehem Steel, feuerte Taylor, nachdem seine Empfehlungen keine tatsächliche Profitsteigerung einbrachten. Aber das hielt Letzteren nicht davon ab, sein Evangelium allen zu predigen, die zuhörten. Seine Fähigkeiten als Texter und Marketingfachmann überspielten, wie unzuverlässig seine Daten waren. Er veröffentlichte mehrere Bücher und reiste im ganzen Land umher, um seine Ideen zu verbreiten. In Taylors Vorstellung waren die Arbeiter einfach Rädchen in der kapitalistischen Maschine, ohne Intelligenz. Er beschrieb den durchschnittlichen Stahlarbeiter als »so dumm und phlegmatisch, dass er seinem mentalen Vermögen nach eher dem Ochsen entspricht«.[128] Egal, dass Arbeiter Menschen sind; er sah jede ihrer Handlungen – in jeder Sekunde – als Möglichkeit, die Profite der Unternehmen zu maximieren.

Taylors Ansatz des wissenschaftlichen Managements findet immer noch sein Echo in einem Großteil der amerikanischen Wirtschaft, besonders in der Herstellung und bei Dienstleistungen. Und in einer zunehmend globalisierten Welt wurde der Taylorismus in die ganze Welt exportiert. Aber statt der Manager, die Stoppuhren in der Hand halten, schwingt heute oft eine gesichtslose Technologieplattform die digitale Peitsche.

Angestellte in den Amazon-Distributionszentren (=»Fulfillment Center«) tragen beispielsweise Scanner mit integriertem Countdown-Timer, der misst, wie schnell sie Pakete scannen und sortieren. Uber-Fahrer eilen im Kampf gegen die Uhr zum nächsten Kunden. Bei UnitedHealth Group, dem multinationalen Gesundheits- und Versicherungsunternehmen, kann »geringe Aktivität an der Tastatur« zu schlechterer Bezahlung und einem reduzierten Bonus führen.[129] Und Start-ups mit Namen wie ActicTrack und Insightful bieten heute Software zur Mitarbeiterüberwachung als Service an. Laut einer Recherche der *New York Times* aus dem Jahr 2022 verfolgen acht der zehn größten US-Privatunternehmen die Produktivitätskennzahlen eines jeden Mitarbeiters.[130]

»Diese Art der Arbeit bereitet uns auf die kommende Automatisierung vor«, beschrieb De-Roche, der Gig-Worker, die endlosen Bestellungen auf den Essenslieferplattformen, für die er arbeitet. »Damit werden wir noch ein wenig mehr wie Roboter.«

Während Josh 2011 im Krankenhaus arbeitete, begann er die Fühler für seinen nächsten Karriereschritt auszustrecken. Nachdem er jahrelang in Jobs tätig gewesen war, die ihn nur teilweise intellektuell forderten, wollte er etwas Kreatives tun. Josh fuhr nach New York City, um die fünftägige Konferenz Festival of Ideas zu besuchen. Diese Tagung bot Keynotes von Schriftstellern, Pop-up-Essen von aufstrebenden Restaurantbesitzern und öffentliche Kunstinstallation der Trendsetter unter den Museen und Galerien. Von den hunderten Ausstellern fesselte besonders ein Projekt Joshs Fantasie.

Das Projekt hieß FEAST, eine Abkürzung für *Funding Emerging Art with Sustainable Tactics* (Aufstrebende Künstler durch nachhaltige Taktiken finanzieren). Bei jedem FEAST-Event präsentierte eine Reihe von Künstlern und Organisationen den Teilnehmern ihre Projektideen. Danach stimmten die Besucher über ihre Favoriten ab, und die Gewinner erhielten die Einnahmen aus den Ticketverkäufen als Zuschuss. *Brilliant*, dachte Josh. *Das muss ich nach Richmond holen.*

Zurück aus New York, machten Josh und ein Freund sich daran, die Virginia-Version von FEAST ins Leben zu rufen. Josh arbeitete immer noch tagsüber im Krankenhaus, aber seine Leidenschaft und Aufmerksamkeit galt etwas anderem. Das Festival der Ideen hatte den Samen für seine neue Identität gelegt. Auch wenn seine Jobbeschreibung es nicht unbedingt hergab, begann er, sich als Kreativschaffender zu sehen.

»Ich dachte mir, ›scheiß drauf, diese Leute [in New York] haben auch keine Bescheinigung, auf der steht, dass sie kreativ sein dürfen!‹«, meinte er zu mir. Also verließ Josh im Herbst 2011 das Krankenhaus und trainierte seine kreativen Muskeln. Er schrieb Artikel über Galerieeröffnungen und Konzerte für Richmonder Lokalzeitungen. Er stellte das erste FEAST-Event in Virginia auf die Beine, und es war ausverkauft. Zunehmend verbrachte er Zeit mit mehr Künstlern und Entrepreneuren. Josh hatte »sein Ding« gefunden.

Nachdem eine lokale Beratungsfirma seine Organisationsfähigkeiten in dieser Community bemerkt hatte, stellte sie Josh ein, um eine Reihe von Events zu organisieren, welche die Geschichte Richmonds darstellen sollten. Danach rekrutierte Andy Stefanovich, ein örtlicher Marketingmanager, Josh für seine Branding-Agentur. Mit 28, nur zehn Jahre, nachdem er knapp seinen Highschool-Abschluss geschafft hatte, trat Josh seinen ersten Job mit einem festen Gehalt an und verdiente 45.000 Dollar im Jahr. »Der Aufstieg von 12 Dollar pro Stunde zu 45.000 im Jahr löste in mir den Gedanken aus: »Verdammt, ich bin reich.«

Das Unternehmen trug den treffenden Namen Prophet. Und bei Prophet war Josh ein Star. Unter der Masse an Eliteuniversitätsabsolventen und Business-School-Graduierten bot ein Community-Organisator, der einen unkonventionellen Weg in die Unternehmenswelt eingeschlagen hatte, eine neue Perspektive. »Man konnte erkennen, dass er der ganzen Beraterkultur und der hohen Stundenzahl, die wir leisten, zuerst skeptisch gegenüberstand«, sagte mir ein ehemaliger Kollege. »Aber Josh passte sich schnell an.«

Prophet war anders als jeder andere Arbeitgeber, für den Josh vorher tätig gewesen war. Die Büroräume erstreckten sich über die beiden oberen Stockwerke eines ehemaligen Verkaufslagers für Getreide in der Innenstadt von Richmond. Anders als die faltbaren Büronischen im Verwaltungsgebäude des Krankenhauses waren die Räume von Prophet mit modernen Möbeln im »Mid-Century«-Design und Konferenzräumen mit Glaswänden ausgestattet. Die Kollegen gingen regelmäßig zusammen etwas trinken oder spielten auf dem Four Square auf dem eigens dafür eingerichteten Spielfeld im oberen Stockwerk der Büroräume. Aber trotz der entspannten Atmosphäre war die Tätigkeit extrem fordernd. Bei Prophet herrschte eine kompetitive Hochleistungskultur. »Wenn man nicht alle zwei Jahre befördert wurde, machte man seinen Job nicht richtig«, erzählte mir der ehemalige Kollege.

Aber Josh gewöhnte sich an die von hohem Tempo geprägte Arbeitsumgebung. Er flog bald durchs ganze Land, um Präsentationen über Social-Media-Strategien für Versicherungsunternehmen zu halten und »Innovationsfahrpläne« für Hersteller von Pfefferminzbonbons zu entwerfen. Die Agentur wurde das Zentrum von Joshs Leben, seines sozialen Umfelds und für sein Gefühl, einem Zweck zu dienen. »Ich glaubte, ich sei auf meinem Lebenspfad angelangt«, sagte er mir. »Ich wollte im Flugzeug herumreisen und neben der Geschäftsleitung sitzen … ich wollte beweisen, dass ich am richtigen Ort angekommen war.«

Mit Joshs raschem Aufstieg bei Prophet wuchs auch sein Einkommen. Er wurde mehrfach befördert. Bald verdiente er sechsstellig im Jahr und passte seinen Lebensstil seinem Einkommen an. Er kaufte schicke Uhren von Daniel Wellington und elegante Lederstiefel von Nisolo. Er zog in ein protziges Apartment in Richmonds hippstem Viertel und kaufte einen glänzenden schwarzen Land Rover. Er machte viele Überstunden und reiste mehrmals im Monat wegen der Arbeit durchs Land. Aber als sein Job ihn auslaugte, interpretierte er sein Burn-out als ein Zeichen von Erfolg. Beschäftigt zu sein und einem Zweck zu dienen, waren für ihn ein und dasselbe. *Wenn Millionen Dollar auf dem Spiel stehen und der Klient morgen alles vorliegen haben will, dann gibt man besser sein Bestes*, dachte er.

Das Ironische daran war, dass Josh mehr Stunden ableistete, aber seine Arbeit dadurch nicht unbedingt besser wurde. Er wurde Teamleader und übernahm mehr Verantwortung, wobei die Meetings und die Unternehmensbürokratie die Zeit verdrängten, die er damit verbracht hatte, das Gelernte zu verarbeiten, um daraus neue Ideen zu generieren. Aber Josh biss die Zähne zusammen. Er verdiente 140.000

Dollar im Jahr, einen Betrag, den sich der Junge, der mit einer alleinerziehenden Mutter in einer Sozialwohnung aufgewachsen war, gar nicht hätte vorstellen können. Er bemühte sich auch um eine Beförderung zum Creative Director – eine Position, die er von Anfang an bei Prophet angestrebt hatte. Ihm war versichert worden, er würde die Stelle bei der nächsten Beförderungsrunde erhalten.

Eines Tages lud Joshs Mentor im Unternehmen ihn zu einem Spaziergang auf dem hauseigenen Parkplatz ein. Josh wusste, was dies bedeutete: Er würde endlich den Titel erhalten, der seinem Wert für die Firma entsprach. Er würde sich endlich Creative Director nennen können. Als die beiden über den kahlen Beton liefen, sagte Joshs Mentor zu ihm: »Es tut mir leid, Josh, aber du wirst die Stelle nicht kriegen.« Ohne zu zögern, erwiderte Josh: »Okay, dann kündige ich.« Er drehte sich um und ging den Parkplatz alleine entlang. Der Zauber der Arbeit war gebrochen.

»Ich kündigte nicht wegen der Zeit, weil ich ein besseres Leben wollte, ein verträglicheres Tempo oder mehr Work-Life-Balance, sondern weil ich verdammt sauer war«, erzählte mir Josh, während wir im Gänsemarsch durch einen Wald aus Eichen und Zypressen spazierten. Er drehte sich alle paar Schritte zu mir um, während er redete. »Ich dachte mir, ich suche mir einfach einen anderen Job in einer Branding-Agentur und bewerbe mich da als Creative Director«, meinte er und schob einen Farnwedel zur Seite, um mich passieren zu lassen. »Aber zuerst wollte ich mir eine Pause gönnen.«

Nachdem er das Unternehmen verlassen hatte, nahm sich Josh eine kleine Auszeit. Er hatte sie sich verdient. Sieben Jahre war er in einem Büro tätig gewesen, in dem die Angestellten regelmäßig zehn Stunden am Tag verbrachten. Zahllose Nächte hatte er sich mit seinem Team um die Ohren geschlagen, um »Wörter neben kleine Kästchen in PowerPoint-Präsentationen zu schreiben«. Er hatte für Prophet unglaublich viel Zeit und Energie geopfert. Er musste sich erneut klar werden, wer er ohne das Unternehmen sein wollte.

Josh beschloss, sich ein drei Monate dauerndes Sabbatical zu gönnen. In den ersten beiden Wochen ohne Arbeit wusste er, was ihn erwartete. Das war der »Urlaubs-Josh«. Aber nach den ersten zwei Wochen fühlte er sich unbehaglich. »Die letzten sieben Jahre hatte ich mein Leben darauf ausgelegt, jede Minute meines Tages einen wirtschaftlichen Wert zu generieren«, erzählte er. »Als ich nun nicht mehr auf meine Tage zurückblicken und diesen ökonomischen Output sehen konnte, fühlte ich mich, als wäre meine Zeit nichts wert.«

Dieses Gefühl kam mir bekannt vor. Während ich meinen Spaziergang mit Josh fortsetzte, dachte ich darüber nach, dass ich ebenfalls Frederick Taylors Weltsicht verinnerlicht hatte. Bewusst oder unbewusst versuchte ich jede Minute meines Tages zu optimieren. Selbst während ich bei der Arbeit an diesem Buch die Gefahren notierte, die daher rühren, dass wir unseren Selbstwert an unsere Arbeit knüpfen, wurde ich das Gefühl nicht los, dass Tage mehr oder weniger verschwendet waren, an denen ich nicht meinen Wortzähler nach oben trieb, eine Quelle interviewte oder ein Kapitel überarbeitete. Ich brauchte keinen Manager mit Brille, der mich antrieb, um aus jeder Minute meines Tages einen ökonomischen Nutzen herauszupressen. Ich mikromanagte mich selbst, nutzte jedes Anstehen an der Kasse oder eine Fahrt im Aufzug, um eine weitere E-Mail zu schreiben.

Während des Sabbaticals musste Josh aktiv dem Drang widerstehen, sich sofort der nächsten Sache zu widmen. Er fühlte sich schuldig, weil er nicht mehr *tat*. Aber statt diesem Schuldgefühl auszuweichen, beschloss er, es genauer unter die Lupe zu nehmen. »Glaube ich, dass der kurzen Spanne eines menschlichen Lebens mehr Wert verliehen wird, wenn ich zur Arbeit eines Unternehmens beitrage, das ökonomische Erträge erzielt?«, fragte er sich selbst. »Nein, meine Antwort auf diese Frage ist nein.«

Dann stellte sich Josh die Frage, wie er sich fühlen *wollte*. Nachdem er tagelang beim Aufstehen keinen fertigen Plan für den Tag gehabt hatte und am selben Wanderpfad am Fluss entlangging, den wir gerade entlangspazierten, kam ihm die Antwort: »Ich will von Staunen und Entzücken motiviert sein«, betonte er, als wir uns einen Weg durch das Buschwerk bahnten. Ich hätte vielleicht gegrinst, wenn er nicht so ernst geklungen hätte. »Ich wollte mich mit Natur umgeben und sehen, wie ich in diese Welt passe. So wollte ich mein Leben verbringen«, meinte Josh. »Und das stand in völligem Gegensatz zu allem, was ich beruflich gelernt hatte.«

Dennoch machte er sich keine Illusionen über die kapitalistische Gesellschaft, in der er lebte. Er musste Geld verdienen. Aber wenn er öfter in seinem Leben staunen wollte, sobald er in die Arbeitswelt zurückkehrte, musste er Veränderungen vornehmen, das war ihm klar. Und er musste mehr unstrukturierte Zeit in seine Tage integrieren. *Kann ich nur an Projekten arbeiten, die ich sinnvoll finde, dabei gutes Geld verdienen und nicht mehr als 20 Stunden pro Woche arbeiten?*, fragte er sich. Das war auf jeden Fall einen Versuch wert.

Josh begann »Das Experiment«, indem er seine finanziellen und zeitlichen Pflichten reduzierte. Er trat von seiner Position im Leitungsteam eines Festivals für schwarzes Kino zurück. Er zog fort von dem protzigen Apartment in eine günstigere Gegend in Richmond und tauschte den Land Rover gegen einen Honda CR-V. Trotz dieser Rückschritte bot sein neuer Lebenspfad auch Vorteile. Josh kochte sich seine eigenen Mahlzeiten und aß gesünder. Er verbrachte entspannte Nachmittage mit Freunden im Garten. Und er meditierte wieder regelmäßig und trieb Sport. »Es ging mir tatsächlich gut«, sagte er. »Aber das konnte ich nur erreichen, indem ich mir mehr Zeit freihielt.«

Josh stellte auch fest, dass die zusätzliche Zeit seinem Berufsleben zugutekam. Er hatte begonnen, an Projekten für das Smithsonian und für ein Urban-Gardening-Non-Profit-Unternehmen namens Happily Natural zu arbeiten. Da er mehr Freiraum rund um seine Tätigkeit einräumte, stieg die Qualität seiner Arbeit. »Im alten industriellen Modell einer Beschäftigung kommen umso mehr Produkte hinten raus, je mehr Zeit man vorne reinsteckt«, erklärte er. Aber wenn das Produkt eine Idee für eine Marketingkampagne oder eine Überschrift für eine Website ist, stellte Josh fest, dann gab es keine Beziehung zwischen der Zahl an Stunden, die er hineinsteckte und der Qualität des Ergebnisses. Mit mehr Spielraum, um nach Inspiration zu suchen und seine Ideen zu variieren, leistete er endlich Arbeit, die ihn stolz machte.

Zunehmend beweisen Forschungsergebnisse, dass Freizeit und unstrukturierte Zeiten, in denen man nichts Bestimmtes tut, der kreativen Arbeit zugutekommen. Hirnscans zeigen, dass freie Zeit und Tagträume die Alphawellen fördern, die kreative Einsichten und innovative Durchbrüche begünstigen.[131] In einer Studie steigerten die Teilnehmer durch vier Tage Wandern in der Natur ohne Zugang zu Technologie ihre kreative Problemlösungsfertigkeit um bis zu 50 Prozent.[132]

Aber Josh sieht die Freizeit nicht mehr nur als »Aufladen der Batterien«. Er entspannt sich nicht nur deswegen, um hinterher umso produktiver am Computer arbeiten zu können. Und er existiert auch nicht, wie so viele von uns, in dem ständigen Zustand, halb bei der Arbeit zu sein, indem er beim Essen auf seinem Handy scrollt, um seine E-Mails zu überprüfen.

Am meisten überraschte mich während meiner Zeit mit Josh, wie aktiv er ist – er schreibt Notizen auf eine gewaltige Papierrolle, die auf dem Schreibtisch in seinem Zimmer liegt; kümmert sich im Gemüsegarten, den er sich mit drei Nachbarn teilt, um seine Okraschoten; besucht Galerievernissagen und »Open-Mic«-Abende lokaler Künstler. Was andere Menschen »Zeit zum Abschalten« nennen, ist für Josh nicht nur Mittel zum Zweck; es ist Zweck an sich.

Um es deutlich zu sagen: Nicht jeder kann es sich leisten, ein Sabbatical zu nehmen oder weniger Stunden zu arbeiten. Josh gibt zu, dass das finanzielle Polster und die Fähigkeiten, die er in der Unternehmenswelt aufbauen konnte, ein integraler Teil des Erfolgs seines Experiments sind. »Dieser gesamte Lebensstil, den ich heute führe, hätte vor zehn Jahren gar nicht zur Debatte gestanden – ich verfügte nicht über die Fertigkeiten«, sagte er mir. »Alles hat seine Zeit, und alles hat sein Publikum, aber stellen Sie sich vor, wenn jeder, der es könnte, so leben würde? Wir würden die gesamte Ökonomie verändern.«

Quer durch alle Einkommensschichten und überall auf der Welt führen Arbeiter und Angestellte ihre eigenen Experimente durch, um die Priorität ihrer Tätigkeit zu verringern. Junge Arbeitskräfte in Japan, die man auch *hodo-hodo zoku* nennt, haben eine kulturelle Bewegung angestoßen, die Beförderungen vermeidet, um den Stress zu minimieren und Freizeit zu maximieren. In China gibt es einen wachsenden Trend in den sozialen Medien, der sich »tang ping« nennt – Arbeiter, die sich »flach hinlegen«, um sich aktiv der Erwartung zu widersetzen, ständig etwas leisten zu müssen. Tricia Hersey, eine amerikanische Performancekünstlerin und selbst ernannte »Nickerchen-Bischöfin«, lehrt das Evangelium der Ruhe als einen Akt des Widerstands gegen den Kapitalismus, indem sie schreibt und gemeinschaftliche »Nickerchen-Installationen« durchführt. Das Subreddit r/antiwork, eine Online-Community von Arbeitern und Angestellten, die mit einem weniger arbeitszentrierten Leben experimentieren, hat über zwei Millionen Mitglieder.

»Junge Menschen empfinden eine Art Druck, den sie nicht erklären können und haben den Eindruck, dass Versprechen gebrochen wurden«, erzählte Xiang Biao, Professor für Sozialanthropologie in Oxford, der *New York Times.*[133] »Die Menschen realisieren, dass materieller Aufstieg nicht mehr die wichtigste Quelle von Sinn in unserem Leben ist.« Und es sind nicht nur junge Menschen, die sich selbst fragen, wie eine Welt mit weniger Arbeit aussehen mag. Ganze Länder stellen sich ebenfalls diese Frage.

Als Island 2015 und 2019 zwei groß angelegte Testläufe startete, um die Viertagewoche einzuführen, stand es außer Zweifel, ob das Experiment bei den Arbeitnehmern ankam. *Weniger Arbeit für die gleiche Bezahlung? Wo kann ich mich anmelden?* Die wichtige Frage war, wie es bei den Berufstätigen ankam.

Eines der Hauptargumente gegen verminderte Arbeitszeit besagt, Unternehmen seien dadurch weniger wettbewerbsfähig. Jede Minute, die man sich ausruht, ist eine Minute Vorsprung für die Konkurrenz, so lautet zumindest die Logik. Aber dieser Glaube basiert auf der falschen Prämisse, dass eine direkte Beziehung zwischen den geleisteten Stunden und dem Output besteht. Laut einer Studie mit Arbeitern und Arbeiterinnen der Munitionsindustrie, durchgeführt im Jahr 2014 von John Pencavel, Wirtschaftsprofessor an der Stanford University, fiel die Produktivität pro Stunde steil ab, wenn jemand 50 Stunden gearbeitet hatte.[134] Und Pencavel fand heraus, dass diejenigen, die 70 Stunden tätig waren, nicht mehr leisteten als diejenigen, die 56 Stunden aufwandten. Diese Forschungen stießen auf eine Wahrheit, die uns auch intuitiv bewusst ist: Mehr

Zeit, um eine Aufgabe zu erledigen, bedeutet oft weniger effiziente Arbeit.

Andere bekannte Experimente mit der Viertagewoche führten Unternehmen wie das Social-Media-Start-up Buffer in den Vereinigten Staaten sowie das Nachlassverwaltungsunternehmen Perpetual Guardian in Neuseeland und Microsoft in Japan durch. In allen drei Fällen stieg die Produktivität im Zuge der verminderten Arbeitszeit um bis zu 40 Prozent, wobei die Angestellten berichteten, sie seien weniger gestresst und die Arbeit würde sie mehr befriedigen.

Allerdings unterschied sich die Studie in Island von den anderen aufgrund ihres Umfangs. Insgesamt reduzierten die beiden Studien die Stunden pro Woche von 40 auf 35 oder 36 pro Stunde für mehr als 1 Prozent der isländischen Arbeiterschaft, ohne die betrieblichen Leistungen oder das Gehalt zu kürzen. Die Arbeiter und Angestellten stammten aus vielen verschiedenen Branchen, darunter waren Lehrer, Polizisten, Bauarbeiter und Angestellte im Büro des Bürgermeisters von Reykjavik.

Um den Kontext zu verstehen, muss man wissen, dass Menschen in Island im Durchschnitt mehr Stunden arbeiten als Leute in anderen nordischen Ländern. Das Land hat ein robustes soziales Sicherheitsnetz und niedrige Arbeitslosenzahlen, aber es liegt in puncto Produktivität hinter den skandinavischen Ländern. »Durch lange Arbeitszeiten erschöpft, ist die isländische Arbeiterschaft oft weniger leistungsfähig«, lautet die Aussage im Abschlussbericht der Versuche. »Wie in einem Teufelskreis erfordert es diese niedrigere Produktivität, mehr Stunden zu arbeiten, um den verlorenen Output ›auszugleichen‹, und dadurch sinkt die ›Produktivität pro Stunde‹ weiter ab.«[135]

Vor diesem Hintergrund waren die Ergebnisse der Viertagewochenstudien erstaunlich. Quer durch alle Industriezweige war der Output nicht gesunken. Zum Beispiel berichtete die Einwanderungsbehörde nicht über verzögerte Bearbeitungszeiten. Ein Callcenter der Regierung zeigte, dass 10 Prozent mehr Anrufe beantwortet wurden als an einem Kontrollarbeitsplatz, an dem länger gearbeitet wurde. Die Angestellten berichteten nicht nur, dass ihnen nun mehr Zeit, sondern auch mehr Energie für Hobbys, das Sozialleben und ihre Familien blieb. Und dank der gut ausgeruhten Angestellten hielten die Unternehmen nicht nur die Qualität ihrer Dienstleistungen aufrecht, sondern verbesserten diese sogar.

Die vielleicht größte Barriere für eine reformierte Arbeitszeit in einem Wirtschaftssystem ist schlicht, dass die Arbeitgeber sich einer Veränderung widersetzen, weswegen Studien wie die in Island so wichtig sind. Sie belegten anhand von Daten, dass Angestellte sich dank Reformen wie reduzierten Arbeitszeiten wohler fühlen und *ihren Output steigern* können. Arbeiter und Angestellte leisteten buchstäblich die gleiche Arbeit in weniger Stunden.

Aber auch wenn die auf Produktivität basierenden Argumente die Angestellten und Gesetzgeber überzeugen, kürzere Arbeitswochen zu erwägen, sollten wir dies nicht nur tun, weil wir dieselbe Menge an Produkten auch in weniger Zeit erzeugen können. Neben den ökonomischen Überlegungen bestehen auch moralische. Wir sollten nicht nur deswegen weniger beruflich tätig sein, weil wir dadurch optimaler arbeiten. Wir sollten weniger arbeiten, weil wir dadurch auch bessere Menschen werden.

Ja, weniger zu arbeiten macht uns produktiver. Ja, Ruhe unterstützt unsere Gehirnfunktion und verbessert die Gesundheit, die Stimmung und unsere Selbstheilungskräfte. Aber darüber hinaus ermöglicht uns mehr Zeit ohne Arbeit, bessere Freunde und Nachbarn zu werden. Es erlaubt uns, unsere Kinder von der Schule abzuholen und in der Familie häufiger gemeinsam zu essen. Wir können regelmäßig Sport treiben, zum Vergnügen lesen und ganz für uns allein Kunst erschaffen. Es befähigt uns, uns in der Lokalpolitik zu engagieren und ein Nickerchen zu machen, wenn wir müde sind. Einfach gesagt, weniger zu arbeiten, ermöglicht uns, eine komplettere Version unserer selbst zu werden.

»Dies(e) [Reduktion an Stunden] zeigt gesteigerten Respekt gegenüber dem Einzelnen«, meinte ein Studienteilnehmer in Island. »Wir sind nicht nur Maschinen, die arbeiten … wir sind Individuen mit Wünschen und Privatleben, mit Familien und Hobbys.«[136] Das hätte man wohl mal Frederick Winslow Taylor sagen sollen.

Als Josh und ich uns auf einen Felsen in der Mitte des James River setzten und das Zwitschern der Vögel und Rauschen des Wassers uns umgab, sagte er mir, ich solle mich einmal umsehen. »Sehen Sie irgendwas, das sich hier schnell bewegt?«, fragte er. Eine Eiche schwankte im Wind. Der Fluss beschrieb eine Biegung um einen Felsen herum, als würde er Tai-Chi praktizieren. »In der Natur gibt es das einfach nicht«, fuhr Josh fort. »Samen müssen aufgehen, dann blühen, dann Frucht hervorbringen, verrotten und zur

Erde zurückkehren, bevor der Kreislauf erneut beginnt … das braucht Zeit.«

»Machen Sie sich jemals Sorgen, wie lange Sie dieses Experiment aufrechterhalten können?«, fragte ich.

Josh grinste. »Es gab Momente, als nur wenig Geld hereinkam, und ich mich fragte: Funktioniert das? Ist es das wert?« Er schwieg einen Augenblick, als wären das keine rhetorischen Fragen. »Aber ich halte durch. Ich bin noch nicht bereit, das Experimentierlabor hinter mir zu lassen.«

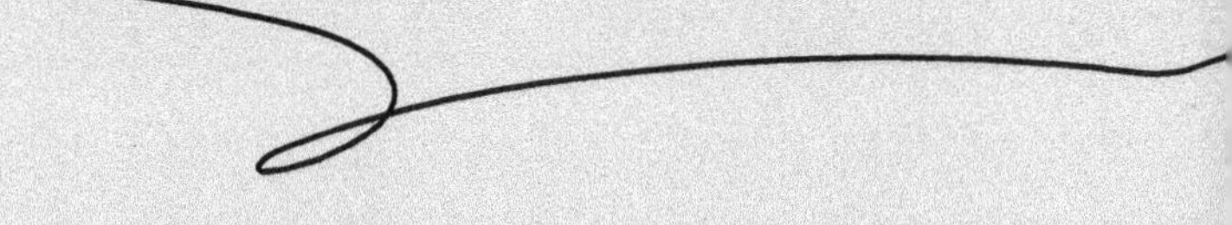

KAPITEL 7

Arbeite hart, gehe nach Hause

Über den Mythos der gemütlichen Büroarbeit

Der Höhlenmensch war zweifellos sehr erfreut, eine gute Höhle zu finden, aber er stellte sich auch zweifellos an den Eingang und blickte hinaus. »Halte dir den Rücken frei und behalte im Blick, was draußen vor sich geht«, lautet eine gute Überlebensregel. Und diese Regel ist auch im Büroleben angebracht.[137]

— ROBERT PROPST, ERFINDER DES »CUBICLE«

Ich spaziere mit Brandon Sprague, einem 29 Jahre alten Softwareingenieur, der aussieht wie ein junger Dustin Hoffman, wenn Hoffman lange Haare hätte und seine Vormittage mit Kreuzheben verbrächte, durch einen Hain mit Mammutbäumen. Brandon trägt ein blaues Buttondown-Hemd, das über die Hose hängt, graue Baumwollhosen und quietschbunte Converse, für deren Design er, wie er sagt, einen speziellen Algorithmus geschrieben hat, um sie individuell zu gestalten. Über uns ziert der Sonnenuntergang den Himmel mit weichen Tönen in Rosa und Lila. Zu unserer Linken liegen knallrote, gelbe und blaue Fahrräder herum wie vergessene Spielzeuge. Auf der rechten Seite ragt ein grellweißes Schild aus dem Rasen, deutlich beschriftet mit

Lettern, die wie aus der Grundschule anmuten: *Willkommen bei Google.*

Brandon hat diesen Spaziergang schon häufig hinter sich gebracht. In den sechs Jahren, in denen er für das Unternehmen tätig war, war dies seine tägliche Pendlerstrecke – über den Parkplatz voller Teslas und Imbisswagen (Elektroautos aufladen und Essen ist für Angestellte kostenlos), durch den Hain aus Mammutbäumen und am Fitnesszentrum, an zwei Gourmetcafés (*keine* Cafeterias) und einem kleinen plätschernden Bach vorbei, bevor er an seinem Schreibtisch ankam.

Mitten auf diesem Gelände ist es fast unmöglich zu sagen, wo der Campus beginnt und endet. Wir hören Jubel von Fußballfeldern in der Nähe. »Technisch betrachtet gehören sie der Gemeinde Mountain View«, erklärt mir Brandon. »Aber ich glaube, Google hat sie bezahlt.« Wir kommen an einem biologisch-dynamischen Garten, einem kleinen Wasserfall und einer Replika des tränenförmigen Google-Maps-Icons in Menschengröße vorbei. Es gibt Tennisplätze, Arztpraxen und ein Restaurant, das Sushi auf einem Förderband serviert. *Wenn ich hier arbeiten würde*, denke ich, *würde ich niemals kündigen.*

»Auch wenn das Äußere der Gebäude immer gleich aussieht«, sagt Brandon, »verändern sie stets das Innere, um es ›googliger‹ zu machen.« Ich drücke die Stirn gegen die Scheibe eines der Büros, um zu sehen, was »googlig« bedeutet. Neben einem der Schreibtische steht eine künstliche Palme, ein aufblasbarer Wasserball liegt schlaff auf dem Teppichboden des Flurs, und das Wort »wild« steht als Graffiti an der Wand. Weil keiner von uns bei Google arbeitet, dürfen wir nicht rein.

Die Außenwelt auszusperren, ist verständlich; Touristen reisen aus allen Teilen der Welt an, um den Skulpturengarten auf dem Google-Campus zu fotografieren. Aber als wir an ein paar Google-Mitarbeitern vorbeikommen, deren Gesichter von den leuchtenden Laptopdisplays erhellt werden, und das um 19 Uhr an einem Dienstag, kann ich mir den Gedanken nicht verkneifen, dass man nicht nur die Außenwelt aussperrt.

Jahrzehnte bevor Sergey Brin und Larry Page geboren wurden, entwarfen Autoren wie George Orwell und Aldous Huxley in ihren Büchern *1984* und *Brave New World* von Technologie getriebene Dystopien. »Orwell warnt uns, dass wir durch externe Kräfte unterdrückt werden«, schrieb der Medientheoretiker Neil Postman. »Aber in Huxleys Vision ist kein Big Brother nötig, um den Menschen ihre Autonomie, Selbstbestimmung und Geschichte zu nehmen. Er glaubte, dass die Menschen es lieben werden, unterdrückt zu werden; dass sie die Technologien bewundern werden, die sie ihrer Fähigkeit zu denken berauben.«[138]

Auf dem Campus herumzuspazieren, erinnerte mich an meine eigene Zeit in der Techindustrie. Bevor ich Journalist wurde, arbeitete ich bei einem Start-up, in dem es jeden Morgen warmes Frühstück und am Abend Yogakurse gab. Ich war *#gesegnet* durch die Vorteile eines Arbeitslebens, das eine Venture-Kapital-Firma bezuschusste. Aber ich erinnere mich auch an die Tage, als es mich vor acht Uhr ins Büro zog und ich bis lange nach Sonnenuntergang blieb, wie ein Fahrer auf dem Highway, der sich nicht an die letzten fünf Kilometer Strecke erinnern kann. Das Leben wurde zur Arbeit, und die Arbeit wurde zu einer Reihe immer gleicher Tage, die sich nicht voneinander unterschieden. Es war kein wirklicher Vorteil, wie leicht es mir fiel, meine Arbeitstage zu verlängern.

1903 engagierte die Larkin Soap Company, ein Unternehmen, das über Kataloge Seife verkaufte, einen jungen Frank Lloyd Wright, um das »Büro der Zukunft« in Buffalo, New York, zu entwerfen. Wie es Nikil Saval in *Cubed: A Secret History of the Workplace* beschreibt, »schien das konzertierte, einheitliche Konzept der Architektur, des Grundrisses, Designs und Managements [des Verwaltungsgebäudes der Larkin Soap Company] all die Probleme des Managements und der Büroarbeit zu antizipieren und zu lösen«.

Wrights Design bot den Mitarbeitern von Larkin Gärten auf dem Dach, Speisesäle, Badehäuser, eine Klinik, eine Bücherei und ein Fitnesszentrum. Das Unternehmen veranstaltete am Freitagabend Konzerte und hielt am Sonntag die Messe. Das vielleicht herausragendste Merkmal des Bürogebäudes war der Innenhof. Natürliches Licht durchflutete ihn durch große Fensterscheiben, ähnlich wie in einem kleinen Einkaufszentrum. Schlagworte der Unternehmenskultur des frühen 20. Jahrhunderts – »Kooperation«, »Industrie«, »Kontrolle« – waren in die Steinwände eingelassen worden. Im Innenhof saßen Arbeiter, »mit der gleichen Kleidung und Frauen mit schicken Frisuren … bewacht von vier männlichen Managern, die an Schreibtischen saßen«.[139]

An diesem luxuriös gestalteten Arbeitsplatz verwischte die Grenze zwischen progressivem Bürodesign und paternalistischem

Management. Larkin schuf eine Umgebung, die zwar jedes Bedürfnis der Angestellten berücksichtigte, aber auch jede ihrer Handlungen überwachte. Im Kontext der Arbeitsrechtsbewegungen der Jahrhundertwende, in der Gewerkschaften und Streiks die Macht der Vorstände bedrohten, schuf Larkin eine »tayloristische« Arbeitsumgebung im Dienst dessen, was die Firma »industrielle Verbesserung« nannte. »Was man als das Wohlergehen der Arbeiter bezeichnete, konnte mit ein wenig Fantasie auch als soziale Kontrolle gesehen werden«, schreibt Saval. Das Larkin-Gebäude war ein Vorbote der weitläufigen Campusse der Firmen im Silicon Valley.

Das Büro selbst ist eine Technologie, ein Werkzeug, das normalerweise den Menschen dabei helfen sollte, ihre Arbeit zu erledigen. Aber wie bei jeder Technologie ist es wichtiger, wie sie eingesetzt wird und weniger, was sie leisten kann. Das Büro kann ein Knotenpunkt der Zusammenarbeit sein oder die Bühne für das Unternehmenstheater. Es kann eine Oase für eine ernsthafte Tätigkeit oder einen Ort darstellen, an dem die Angestellten den Managern demonstrieren, wie hart sie *zweifellos* arbeiten. Seitdem Googleplex in den frühen 2000er-Jahren seine Pforten geöffnet hatte, lobte man diesen Hauptsitz des Unternehmens in Mountain View für all die betrieblichen Zusatzleistungen. Die »Googler« spielen zwischen den Meetings Volleyball, buchen Massagen direkt am Schreibtisch und lassen sich mehrgängige Menüs schmecken. Aber der wahre Nutznießer all dieser Annehmlichkeiten ist Google. So hält man die Angestellten besser zur Tätigkeit an.

Über das Silicon Valley hinaus rechnen sich auch Unternehmen in anderen Industriezweigen aus, wie viel Return on Investment sie für die Zusatzleistungen an die Angestellten erhalten. So verbrachte zum Beispiel die Anthropologin Karen Ho während der Recherche für ihre Doktorarbeit in Princeton ein Jahr in den 1990er-Jahren als Investmentbankerin an der Wall Street. Währenddessen stellte sie fest, dass zwei organisierte »Zusatzleistungen« – Abendessen und kostenlose Taxifahrten nach Hause – zentrale Faktoren der vielen Überstunden waren, die allgemein mit der Bankenkultur einhergingen. Wenn Angestellte bis 19 Uhr im Büro blieben, konnten sie Abendessen auf Kosten des Unternehmens bestellen. »Wenn man keine Zeit hat, um einkaufen zu gehen oder zu kochen, wird man bald von dieser Dienstleistung abhängig, und man bleibt sogar an den wenigen Tagen, wo man es vor 19 Uhr aus dem Büro schaffen könnte, um noch dort zu Abend zu essen«, schreibt sie in *Liquidated: An Ethnography of Wall Street*.[140] Wenn damals die Banker den Meilenstein erreichten, bis 21 Uhr im Büro zu bleiben, bezahlte das Unternehmen das Taxi nach Hause. Während also die kostenlosen Abendessen und Heimfahren die Mitarbeiter dazu brachten, lange zu arbeiten, sorgte laut Karen Ho ein Gerät, das BlackBerry, dafür, dass sie »an das Büro gekettet [waren], während sie zu Hause oder ›im Urlaub‹ waren«.

Auch wenn BlackBerrys irgendwann kein Thema mehr waren, sind die digitalen Ketten nach wie vor vorhanden. Apps für die Kommunikation am Arbeitsplatz sorgen dafür, dass die Angestellten immer noch mehr oder weniger mit der Arbeit und ihren Kollegen vernetzt sind; ein Zustand, der einem Hai gleicht, der mit einem offenen Auge schläft. »Der moderne ›Wissensarbeiter‹ ist stets nur wenige Minuten davon entfernt, irgendeine Form der elektronischen Kommunikation zu verschicken oder zu erhalten«, schreibt Cal Newport in *Eine Welt ohne E-Mail.* »Zu sagen, wir würden zu häufig unsere E-Mails checken, ist eine Untertreibung; Fakt ist, dass wir diese Tools ständig nutzen.«[141]

Ironischerweise bemüht sich das Messaging-Unternehmen Slack in seinem Hauptsitz, das Phänomen zu unterbinden, das sein eigenes Produkt befördert. Auf der Wand der Büroräume fasst eine Botschaft die hauseigene Philosophie zusammen: *Arbeite hart und gehe nach Hause.*

»Es lässt sich keine Verbindung herstellen zwischen kostenlosem Kombucha und der Zufriedenheit im Job«, sagte mir Deano Roberts, der ehemalige Global Facilities Director von Slack. »Wenn man seinen Arbeitgeber attraktiv findet, weil es kostenlosen Kuchen gibt, dann gibt es ein paar Probleme mit der Unternehmenskultur, die man genauer unter die Lupe nehmen sollte.« Ein Büro sollte laut Roberts darauf ausgerichtet sein, es den Angestellten so einfach wie möglich zu machen, ihre Arbeit zu erledigen, um sich dann ihrem sonstigen Leben zuzuwenden.

Verglichen mit Googleplex war mein Spaziergang durch den Hauptsitz von Slack in San Francisco eher langweilig. Es gab kein Fitnessstudio im Büro, keine riesigen Jengablöcke, keine elektrischen Roller, die durch die Flure sausten. Es erweckte den Eindruck, nun ja, eines Arbeitsplatzes. Aber sollte das nicht das Ideal eines Büros sein? Das Büro muss nicht Ihre Bar oder Ihr Fitnessstudio oder Ihr Lieblingsrestaurant sein – nicht, weil Cocktails oder Fitnessstudios im Büro oder Essensbestellungen an sich schlecht sind. Es liegt daran, dass die Arbeit ein Mittel zu einem Zweck sein sollte. Und der Zweck ist, dass wir am Ende alle nach Hause gehen sollten.

Aber für Brandon, meinen Tourguide in Mountain View, war es keine besonders tolle Option, das Büro zu verlassen, denn in den sechs Jahren, in denen er für Google arbeitete, lebte er auf neun Quadratmetern in einem Transporter mit Kofferaufbau auf dem Unternehmensparkplatz.

Brandon Sprague wuchs in einer Arbeiterfamilie im Osten von Massachusetts auf. Seine Mutter arbeitete in einer Augenarztpraxis und sein Vater stellte Markisen her. Brandon sagt, seine Weltsicht ist im Großen und Ganzen eine Reaktion auf das Leben seiner Eltern. Er beschreibt seine Mutter als »krimskramssüchtig«, da sie gerne aus einem Impuls heraus Dinge kauft wie Handmassagegeräte oder Waren an der Supermarktkasse. Sein Vater ist ein »Macho«, der Motorrad fährt und den Tag in der Kneipe ausklingen lässt.

Bevor Brandon von zu Hause wegging, um das College der UMass Amherst zu besuchen, hatte er mit seinen Eltern an fünf verschiedenen Orten gelebt. »Ich konnte nicht viel anfangen mit der Idee, einen einzelnen, bedeutenden Ort zu haben, den ich mein Eigen nenne und der mir als Anker dient«, erzählte er mir. Brandons Gesicht wirkt jung dank seiner leuchtenden Augen, aber er spricht mit der unerschütterlichen Selbstsicherheit eines Menschen, der sich seine Worte genau überlegt. Auch wenn er gerne in Tweets spricht (»Alles, was keine Empfindungen hat, ist nur ein Werkzeug« … »Geld bewirkt nicht viel für uns, wenn wir erstmal genug davon haben«), ist alles, was er tut – von den Worten, die er wählt, bis zur Marke der Socken, die er trägt – eine bewusste Entscheidung. Nach jeder Frage, die ich ihm stellte, zögerte er, als müsste er seine Antwort genau abwägen.

Um das College zu bezahlen, arbeitete Brandon 30 bis 40 Stunden jede Woche für die Pioneer Valley Transit Authority, die Organisation, die den öffentlichen Personenverkehr in einem Großteil des südwestlichen Massachusetts regelt. Er begann, dort als Busfahrer zu arbeiten, aber nach vier Jahren hatte er die Abrechnungs- und Routenmanagement-Software der Firma überarbeitet. (Brandon brachte sich mit 13 selbst bei zu programmieren.) Nach seinem ersten Jahr an der UMass erhielt er einen Praktikumsplatz bei Google. Er hatte keinen Reisepass und hatte bis dahin selten sein Umfeld in Massachusetts verlassen, aber mit 21 zog er um, nahezu durchs halbe Land, um den Sommer in Kalifornien zu verbringen.

Mit seinen »Nap Pods«, in denen man Nickerchen halten kann, seinen Volleyballfeldern und dem Waschsalon auf dem Campus unterschied Googleplex sich grundlegend von der Pioneer Valley Transit Authority. Aber was für Brandon am meisten herausstach, waren die Wohnkosten in der Bay Area, der Metropolregion rund um San Francisco. Für den Sommer im Silicon Valley teilte er sich ein Apartment mit zwei Schlafzimmern mit drei Mitbewohnern. Jeder zahlte über 2000 Dollar Miete im Monat. Brandon nervte es, so viel von seinem Gehaltsscheck an den Vermieter abzutreten. Nachdem er also das Angebot im folgenden Jahr angenommen hatte, in Vollzeit bei Google einzusteigen, dachte er darüber nach, wie er die Vorteile, in der Bay Area zu wohnen, nutzen konnte, ohne die Kosten dafür zu bezahlen.

Im Mai 2015 zog Brandon nach Kalifornien. Er hatte aufgrund seines Studienkredits 22.434 Dollar Schulden, ein paar hundert Dollar auf der Bank und einen Plan. Ihm blieben zwei Wochen, bis er als Vollzeit-Googler anfangen sollte, und er würde seinen Umzugsbonus zusammen mit dem ersten Gehaltsscheck erhalten. Zum Glück hielt Google temporären Wohnraum auf dem Campus für neue Angestellte bereit (die GSuites, wie konnten sie auch anders heißen?), wo Brandon bis zum Stellenantritt übernachten konnte. Er nahm einen Kredit von 9.500 Dollar bei einem örtlichen Kreditinstitut auf und suchte sich ein Fahrzeug, das er sein Zuhause nennen konnte.

Als er bei Greenlight Motors, einem auf Lastwagen spezialisierten Gebrauchtwagenhändler, danach schaute, gab es nicht viele Angebote, für die Brandons Budget von 10.000 Dollar gereicht hätte. Aber ganz hinten auf dem Verkaufsgelände stand ein alter, weißer Kastenwagen mit einem verblassten orangen »Budget«-Logo. Einer der Scheinwerfer war locker. Es waren Risse im Dach und der Boden musste neu versiegelt werden. Aber dennoch weckte der Truck Brandons Interesse.

Er erinnerte sich an das Haus seiner Großmutter, wo er als Kind viel Zeit verbracht hatte. Seine Oma hatte einen Satz alter Silberlöffel mit Porzellangriffen. Eines Tages bemerkte sie, dass Brandon die Löffel mit den gesprungenen und beschädigten Griffen mied. »Weißt du, Brandon, die kaputten Löffel brauchen auch Liebe«, sagte sie.

Als er sich diesen heruntergekommenen, fünf Meter langen Kastenwagen ansah, kam ihm der Spruch seiner Oma in den Sinn. »Ich dachte mir, ich kann diesem Truck ein wenig Liebe schenken, ihn herrichten und selbst reparieren«, erzählte er mir. Er kaufte ihn direkt vor Ort.

Brandon schlief in der Nacht nach dem ersten Tag, den er in Vollzeit arbeitete, und in den Nächten der folgenden fünf Jahre im Truck auf oder in der Nähe des Google-Campus. Etwa nach einem Jahr bekam das Unternehmen Wind davon, dass einer der Angestellten – ein Software-Ingenieur mit sechsstelligem Jahresgehalt noch dazu – in einem Lkw auf dem firmeneigenen Parkplatz wohnte und verbat den Beschäftigten, in ihren Fahrzeugen auf dem Campus zu schlafen. Brandon parkte fortan auf der anderen Straßenseite.

Wenn es darum geht, die Grenzen zwischen Arbeit und Leben zu ziehen, hegt nicht jeder Angestellte die gleichen Vorlieben. Nancy Rothbard, Managementprofessorin an der Wharton University, glaubt, dass es grob umrissen zwei Typen von Berufstätigen gibt: »Integratoren«, diejenigen, denen es nichts ausmacht, die Grenzen zwischen Arbeit und Zuhause zu verwischen, und »Segmentoren«, Menschen, denen es enorm wichtig ist, die Arbeit vom Privatleben zu trennen.

Für eine ihrer Studien begleitete Rothbard einige Zeit einen Segmentor, der als Feuerwehrmann tätig war.[142] Er hatte Rituale für das Ende jeder Schicht: in Flip-Flops schlüpfen, nach Hause fahren und direkt ins Badezimmer gehen. Seine Regel besagte, nie die Arbeitsstiefel mit nach Hause zu bringen oder seine Kinder zu umarmen, bevor er nicht eine Dusche genommen und sich umgezogen hatte. Es war für ihn wichtig, sein Arbeitsleben physisch und symbolisch abzulegen, um sich ganz dem Leben zu Hause zu widmen.

Am anderen Ende des Spektrums stehen Menschen wie Rothbards Kollege auf der Wharton, Adam Grant, dem es nichts ausmacht, dass für ihn die Grenze zwischen Arbeit und Leben durchlässig ist.[143] »Bevor ich meine Frau traf, bestand meine Idee eines vergnüglichen Samstags darin, von 7 Uhr früh bis 21 Uhr zu arbeiten«, erzählte er Rothbard in seinem Podcast. »Der Gedanke daran, eine E-Mail nicht zu beantworten, verursachte mir körperliche Schmerzen.«

Grant freut sich auf die Arbeit, die ihm Energie verleiht, statt ihn auszulaugen. »Das wäre, wie wenn man sagen würde: ›Ich gehe ins Kino, und hinterher muss ich mich erholen.‹ Wieso sollte man das tun? Man ist ins Kino gegangen, weil man von der Idee begeistert war; es hat Spaß gemacht«, scherzt er.

Egal, ob die Arbeit es von uns verlangt, tatsächliche oder nur metaphorische Brände zu löschen, ist es dennoch hilfreich, gesunde Grenzen zu setzen oder unsere Vorlieben dem Manager mitzuteilen, wenn wir wissen, wo wir auf dem Spektrum Integrator-Segmentor stehen. Segmentoren bevorzugen es vielleicht, sich im Beruf an einen festgelegten Zeitplan zu halten, während Integratoren möglicherweise lieber persönliche Aufgaben, wie Sport oder sich um die Kinder zu kümmern, zwischen die Arbeitsperioden einstreuen.

Manager sollten ebenfalls im Auge behalten, dass die gleichen Richtlinien nicht für die beiden verschiedenen Angestelltentypen gleichermaßen effektiv sind. Ein Integrator weiß vielleicht die Freiheiten einer flexiblen Deadline zu schätzen, um die Arbeit nach seinem eigenen Zeitplan zu erledigen, aber die gleiche Flexibilität könnte einen Segmentor in Stress versetzen, der lieber eine eindeutige Deadline erhält.

In Brandons Anfangsjahren bei Google war er ein Integrator.[144] Er trennte kaum zwischen Arbeit und Freizeit. Jeden Tag wachte er in der Dämmerung auf, trainierte im Fitnessstudio des Unternehmens, duschte sich dort und nahm seine Mahlzeiten in den firmeneigenen Cafés ein, bevor er wieder in seinen Truck zurückkehrte. Fast all seine Freunde waren Googler. Er veranstaltete eine »Truck-or-Treat«-Halloween-Party, bei der seine Kollegen vorbeikamen, und sie mit dem Beamer *Hocus Pocus* ansahen, den er auf die weiße Seite des Trucks projizierte. Er wusch seine Wäsche im selben Gebäude, in dem er arbeitete, und setzte sich zwischen den einzelnen Wäscheladungen unweigerlich wieder an den Schreibtisch. An den Abenden, an denen er nichts vorhatte, blieb er im Büro und programmierte, bis es Zeit war, ins Bett zu gehen.

»Es war gar nicht so, dass ich so viel zu tun hatte, ich wusste nur nicht, was ich sonst machen sollte«, schrieb er damals auf seinem persönlichen Blog.[145] Aber nach einem halben Jahr, das er quasi im Büro verbracht hatte, wurde Brandon klar, dass er 70 bis 80 Prozent seiner wachen Stunden damit verbrachte, die Geschäftsziele von

Google voranzutreiben. Er realisierte, er war ein »Zombie [geworden], der ständig und hirnlos vor sich hinarbeitete«, egal, welches Problem man ihm vorsetzte.

Brandon wusste, er musste sich genauer damit befassen, wann er beruflich aktiv war und wann nicht, also beschloss er, einige Anpassungen vorzunehmen. Ihm war klar, nur die Absicht, weniger zu arbeiten, genügte nicht. Er würde bewusst Raum für sich selbst außerhalb des Jobs schaffen müssen. Er begann mit dem Prozess, die Arbeit vom Rest seines Lebens zu trennen.

Der erste Schritt bestand darin, bestimmte Arbeitszeiten festzulegen. Brandon arbeitete jeden Tag nur noch von 8 bis 16 Uhr. Um 16 Uhr begab er sich physisch an einen anderen Ort – entweder eine andere Stelle auf dem Campus, in einen nahe gelegenen Park oder einen Coffeeshop in der Innenstadt von Mountain View. Auch wenn er seine Mahlzeiten weiter überwiegend auf dem Campus verzehrte, achtete er besonders darauf, nie im gleichen Gebäude, in dem er arbeitete, sein Abendessen im dortigen Café einzunehmen. Jahrelang funktionierte Brandons neue Alltagsroutine und seine Angewohnheit, Grenzen zu ziehen, recht gut. Aber die Covid-19-Pandemie veränderte alles.

Als Google im März 2020 seine Büros schloss, verlor Brandon im Grunde einen Teil seines Zuhauses. Er mietete eine Woche lang ein Airbnb und dann ein anderes für zwei Wochen, bis ihm klarwurde, dass die Fitnessstudios und Cafés, die er regelmäßig besucht hatte, nicht so bald wieder öffnen würden. Wenn er einen Platz zum Duschen haben wollte, brauchte er eine eigene Wohnung.

Er behielt den Transporter, aber mietete sich ein Jahr lang eine Wohnung an der kalifornischen Küste, wo er sein übliches »Leben am Arbeitsplatz« zu einem »Arbeiten von zu Hause« ummodelte. Er arbeitete weiter jeden Tag zur selben Zeit und nur an seinem Schreibtisch, den er für nichts anderes verwendete. »Wenn ich arbeite, dann dort«, erzählte er mir. »Und wenn ich nicht arbeite, bin ich nicht dort.«

Brandon beschloss außerdem, explizit zu definieren, welche Rolle sein Job in seinem Leben spielen sollte. »Für mich war die Arbeit immer eher ein Werkzeug, ein Mittel zum Zweck«, sagte er. »Besonders bei Google, das eine sehr ausgeprägte, aktive Unternehmenskultur pflegt, muss man sich entscheiden, ob man diese Kultur auch verinnerlichen und zu seiner eigenen machen will.«

Für ihn lautete die Antwort nein, was sich seltsam anhören mag für jemanden, der buchstäblich jeden Morgen direkt neben dem Büro aufwachte. Aber Brandon wusste, wie einfach sich das persönliche und berufliche Leben überlagern können. Selbst subtil gesetzte Grenzen – wie sich selbst als jemanden zu bezeichnen, der bei Google tätig ist und nicht als »Googler« – boten eine semantische Hierarchie, die es ihm erleichterte, die Rolle der Arbeit in seinem Leben zu kontrollieren.

Segmentoren und Integratoren stellte die Covid-19-Pandemie gleichermaßen vor eine Reihe neuer Herausforderungen. In dem Maß, in dem räumliche und zeitliche Trennungslinien zwischen dem Beruf und dem Rest des Lebens sich auflösten, mussten die Wissensarbeiter selbst ihre Grenzen ziehen. Eine Studie des National Bureau of Economic Research mit über drei Millionen Berufstätigen ermittelte, dass im Homeoffice zu arbeiten zu einer 13-prozentigen Zunahme an Meetings führte und zu 8 Prozent längeren Arbeitstagen – im Durchschnitt mehr als 48 Minuten pro Arbeitnehmer.[146]

»Die Veränderung bei der Arbeitszeit kann eine Konsequenz der unscharfen Trennung zwischen Arbeit und Privatleben sein, bei der es leicht zu Überarbeitung kommt, weil es keine klare Abgrenzung von Büro und Zuhause gibt«, schrieben die Forscher. Für viele, die während dieser Periode mit Rekordarbeitslosigkeit ihre Jobs behielten, fühlte sich die Pandemie weniger an, als würden sie von zu Hause arbeiten, als vielmehr so, als würden sie im Büro schlafen. Das traf besonders auf Leute zu, die im Homeoffice tätig waren und sich gleichzeitig um Kinder kümmerten, wie Beverly Sotelo.

Beverly ist Grundschullehrerin aus Oakland, Kalifornien. Sie verbrachte die Pandemie damit, von ihrem 35 Quadratmeter großen Studioapartment aus Erstklässler zu unterrichten, während ihre fünfjährige Tochter Cisa im Hintergrund einen »Remote«-Kindergarten besuchte. »Ich konnte keine Vollzeitmutter sein, denn mein Lehrerjob ging vor«, erzählte mir Beverly. Aber als alleinerziehende Mutter zwang die Pandemie sie wie so viele andere Eltern, beides zu sein.

Beverly setzte ihre Tochter auf den Boden mit einem Laptop vor ihr auf einem Stuhl auf der einen Studioseite, während sie auf der anderen Seite die Schüler unterrichtete und dabei Kopfhörer trug. Alle ein bis zwei Stunden bat Beverly ihre Erstklässler, für sich etwas zu malen, um die Kamera auszumachen und nach ihrer Tochter zu sehen. Irgendwann baute sie ein Zelt in der Mitte des Apartments auf, um gelegentlich etwas Privatsphäre einzubauen. »Es war die Hölle«, sagte sie mir. »Ich weiß nicht, wie ich es anders nennen soll.«

Selbst vor Covid gab es in vielen Büros genauso viel Ablenkungen wie in einem Studioapartment, in dem man sich zusammen mit einer Fünfjährigen befindet. Offene Großraumbüros, die nahezu überall im Silicon Valley und darüber hinaus zur Norm wurden, hielten ihr Versprechen von offener Kommunikation und Effizienz nicht ein – das darin bestand, dass »zwei Angestellte aus verschiedenen Abteilungen oder auf verschiedenen Stufen der Firmenhierarchie sich zufällig treffen und allein durch die Reibung dieses plötzlichen Treffens spontan Flammen der Innovation aufzüngeln«, wie es Saval in *Cubed* beschreibt. Führungskräfte propagieren gerne die »Magie des Wasserkühlers« (an dem man sich trifft), die im Büroleben herrschen soll, aber es ist nicht belegt, dass persönlicher Kontakt in der Arbeit essenziell für Kreativität oder Zusammenarbeit wäre.[147]

Tatsächlich zeigen Studien, dass die Produktivität und die Kommunikation unter vier Augen in einem offenen Großraumbüro abnehmen.[148] Angestellte berichten, Druck zu empfinden, länger zu arbeiten und weniger engagiert zu sein. Das Großraumbüro »erfüllt den doppelten Zweck, die Kosten zu senken und dafür zu sorgen, dass jeder dort stets weiß, was jeder andere im Raum in irgendeinem Moment tut«, schreibt Anne Helen Petersen. »Anders als private Büros, die einst für die meisten ein absolutes Muss waren, machen es Großraumbüros tatsächlich unheimlich schwierig, seine Arbeit zu vollenden, man wird ständig unterbrochen oder, wenn man Kopfhörer aufsetzt, als kalt wie ein Fisch abgestempelt – *und als schlechter Teamplayer.*«[149]

Als Brandon das Vorhängeschloss der Marke »Master« öffnete und das Tor hochschob, um mir sein Zuhause auf Rädern zu zeigen, war ich überrascht, wie minimalistisch das Innere war. Das war im Januar 2011. Einen Großteil der vergangenen sieben Jahre hatte Brandon diese Schachtel sein Zuhause genannt.

Das Innere des Transporters sah aus wie eine futuristische Gefängniszelle, wie man sie sich in den 1980er-Jahren vorgestellt hätte. Es gab nur zwei Möbelstücke – ein Metallbettgestell von Amazon mit zwei Schaummatratzen darauf und einen großen schwarzen Werkzeugschrank, der als Kleiderschrank, Bücherregal und Medizinschrank diente. Brandon besaß Kleidung für ungefähr eine Woche, zwei Jacken von Arc'teryx und ein Meerjungfrauenkostüm mit Pailletten für besondere Anlässe. Die Wände waren mit silbernen Isolationspanelen bedeckt, die mit marineblauem Malerklebeband zusammengehalten wurden. »Ich wollte nie, dass der Truck schön aussieht«, sagte Brandon. »Es ging eher darum, viel draußen zu sein.«

Er hatte seine Zeit zunehmend im Freien verbracht. Das lag daran, dass er ein Jahr zuvor beschlossen hatte, bei Google aufzuhören. »Es wird einem einfach langweilig, immer auf dieselben vier Wände zu starren«, erzählte er ohne einen Anflug von Ironie. Anfang 2021 schloss sich Brandon einem KI-Start-up mit acht Personen Belegschaft an. Das Bürogebäude bot weder eigene Cafés noch einen Waschsalon. »Es ist einfach nur ein Job«, sagte er.

Nach der kleinen Hausbesichtigung begleitete ich Brandon, der seine Post aus einem Schließfach holte, das nur eine kurze Fahrt vom Google-Campus entfernt war. Die Fahrerkabine des Transporters war ebenfalls spartanisch, abgesehen von einem Seifenblasenzauberstab, damit Brandon Seifenblasen machen konnte, wenn er im Stau saß. Wir fuhren Richtung Süden den Highway 101 entlang, an den Bürogebäuden der Techfirmen vorbei zum Moffett Federal Airfield, auf dem die Google-Manager mit Sondererlaubnis der NASA ihre Privatjets parken dürfen.[150]

»Ich habe jede Menge Schuldgefühle, weil es mir in meinem Leben so gut erging«, erzählte er mir, während die Metalltür zwischen der Fahrerkabine und dem Laderaum klapperte. »Ich glaube, Schuld ist eine wirkungsvolle Motivation, also werde ich sie nutzen.«

Brandon hoffte, einen Teil seiner Schuldgefühle für den nächsten Karriereschritt zu kanalisieren. Gemeinsam mit einem ehemaligen Google-Kollegen plante er, in den Süden von Oregon zu ziehen, um ein Non-Profit-Unternehmen zu gründen. Sie nannten es Silicon Ally, mit dem Ziel, vergünstigte Techberatung für Non-Profits anzubieten, die gegen den Klimawandel und ungerechte Einkommensverteilung kämpfen.

Ohne einen Arbeitgeber, der Duschen und Mahlzeiten zur Verfügung stellte, ergab es wenig Sinn, den Truck zu behalten. »Der

Truck war ein Werkzeug, um eine bestimmte Sache in meinem Leben zu tun«, sagte Brandon sachlich, während er die Spur wechselte. »Wenn ich diese Sache nicht mehr tue, nützt mir der Truck nichts mehr.« Am Tag, bevor ich ihn besuchte, hatte er das Fahrzeug zum Verkauf angeboten.

Brandons Überzeugungen sind erfrischend. Als ich ihn das erste Mal kontaktierte, nachdem ich über seinen Blog gestolpert war, war ich nicht sicher, was mich erwartete. Ich glaubte, ein Softwareingenieur, der in einem Lkw auf dem Parkplatz seines Arbeitgebers wohnt, könnte eine interessante Fallstudie für ein völlig von der Arbeit bestimmtes Leben sein. Aber Brandons Geschichte barg einige Nuancen. Ob man die gleichen Entscheidungen wie er treffen würde oder nicht – für diejenigen unter uns, die so glücklich sind, wählen zu können, wie sie ihren Beruf in ihr Leben integrieren, ist es am wichtigsten, sich aktiv zu entschließen. Wenn wir das nicht tun, kann die Arbeit sich ausdehnen wie Gas und jeden verfügbaren Raum erfüllen.

Von meinem Schreibtisch in San Francisco aus kann ich sicher nicht beurteilen, welches Arrangement für Sie am besten passt, welches Work-Life-Arrangement Ihnen am meisten zusagt. Vielleicht sind Sie ein Segmentor wie Brandon, der feste Grenzen braucht, um zwischen Arbeit und Freizeit zu trennen. Oder Sie sind ein Integrator, dem es nichts ausmacht, wenn er sich über den Tag verteilt, immer wieder mal der Arbeit widmet.

Was ich Ihnen aber sagen kann – und was mir über die Maßen deutlich wurde, als ich auf dem Beifahrersitz von Brandons Truck auf und ab wippte –, ist, dass man am besten beginnt, eine gesündere Beziehung zur Arbeit zu entwickeln, indem man definiert, wie diese Beziehung für einen selbst aussehen soll. Falls Sie dies nicht tun, wird Ihr Arbeitgeber nur zu gerne diese Beziehung für Sie definieren.

KAPITEL 8

Das Statusspiel

Über den Mythos, Status sei mit Erfolg gleichzusetzen

Wenn Sie mal mein Alter haben, werden Sie den Erfolg im Leben wahrlich daran messen, wie viele der Menschen, von denen Sie geliebt werden wollen, Sie tatsächlich lieben.[151]

— WARREN BUFFETT

Soweit er sich zurückerinnern kann, betrachtete Khe Hy die Welt immer als eine Reihe von Spielen. Als ein amerikanisches, nerdiges Kind kambodschanischer Eltern in New York City bestand das erste Spiel darin, dazuzugehören. In der Grundschule Anfang der 1990er-Jahre war Khe der Junge mit dem komischen Namen. Er hatte kein Geld, um sich das neueste Paar Nike Jordans zu kaufen, und als er Teenager war, verboten ihm seine strengen Eltern, sich mit Mädchen zu verabreden. Stattdessen widmete Khe von früher Kindheit an seine Aufmerksamkeit dem Geldverdienen.

Khes Spiel war einfach: Wenn er genug Geld verdiente, konnte er an Status gewinnen, und mit einem höheren Status würde er sich nicht mehr wie ein Außenseiter fühlen. Er plante, aufs College zu gehen, wo er sich selbst neu erfinden wollte. In der Zwischenzeit verdiente er Geld, wo es nur ging. Auf der Middle School sammelte Khe Comicbücher und Baseballkarten – nicht, weil er sie mochte, sondern weil er sah, dass sie mit der Zeit an Wert gewannen. In der fünften Klasse war er bereits regelmäßig auf dem StuyTown-Flohmarkt und verkaufte die Karten mit Gewinn.

Auf der Highschool faszinierte ihn die Möglichkeit, im damals neuen Internet Geld zu verdienen. Er wusste, lokale Geschäfte würden früher oder später ebenfalls Websites brauchen. Nachdem er sich selbst die Grundlagen von HTML beigebracht hatte, bot Khe seine Dienstleistungen den Freunden seiner Eltern an, programmierte unter anderem Websites für ein Reisebüro und ein Blumengeschäft. Damals drehte sich sein Leben um zwei Ziele: Geldverdienen und von einem Elite-College angenommen zu werden. Er war mit beidem erfolgreich. Während er seinen Nebenverdiensten nachging, absolvierte Khe mit Klassenbestleistungen seinen Highschool-Abschluss an der United Nations International School und wurde von Yale angenommen.

Am College gingen die Spiele weiter. Khe wählte sein Hauptfach – Computerwissenschaften –, weil man damit nach dem Abschluss das höchste Durchschnittsgehalt verdienen konnte. Er fand einen Job auf dem Campus als Auskunftsbibliothekar, um »fürs Studieren bezahlt zu werden«. An den Wochenenden jobbte er bei einem Umzugsunternehmen, um über Geld zum Ausgehen zu verfügen. Während seines ersten Jahres dachte er bereits über sein Leben nach dem Abschluss nach. Sein Ziel war, sein Einkommen zu maximieren. Und das schaffte er am leichtesten, indem er in einer

Hochschule wie Yale an einem Prozess teilnahm, den man als Campusrekrutierung bezeichnet.

Sehr wenige Schüler in der letzten Highschool-Klasse, die noch grün hinter den Ohren sind, schreiben in ihren Bewerbungsessays fürs College, dass sie davon träumen, bei einem Finanzunternehmen oder einer Wirtschaftsberatung einzusteigen. Dennoch sind diese beiden Industriezweige die beliebtesten Ziele von Eliteuniabsolventen. Eine Erklärung dafür: Die Unternehmen kommen zu den Studenten, nicht umgekehrt. Jedes Frühjahr strömen Schwärme von Arbeitgebern mit Aktentaschen und Hochglanzbroschüren auf den Campus, begierig darauf, die nächste Kohorte an Praktikanten und Finanzanalysten zu rekrutieren. Ehrgeizige Collegestudenten wie Khe, die Abschlüsse in Fächern von Politikwissenschaften bis zu Lyrik anstreben, tauschen ihre Tanktops und Jogginghosen gegen Blazer und Bleistiftröcke und hoffen, eine Stelle bei einer der Topfirmen zu ergattern.

Wie bei den Eliteuniversitäten besteht auch ein Ranking der Banken und Beraterfirmen. Goldman Sachs und McKinsey befinden sich ganz oben, während Unternehmen wie Bain, Morgan Stanley und Boston Consulting Group ebenfalls um die Toptalente buhlen. Unternehmensvertreter preisen in ihren Informationsveranstaltungen in blumigen Worten ihre einzigartige Firmenkultur und die überall gefragten Skills an, welche die Praktikanten bei ihnen lernen, aber die meisten Studenten hegen keine Illusionen, was diese Firmen wirklich attraktiv macht: die Bezahlung. Das galt besonders in den späten 1990er-Jahren, als Khe nach einem Job suchte und man das Silicon Valley noch nicht sexy fand.

Wie viele Immigranten lehrten Khes Eltern ihn den Wert harter Arbeit und einer sicheren Karriere. »Wir sind vielleicht nicht die Schlauesten, aber wir arbeiten am härtesten«, sagte sein Vater immer. Aber als er aufwuchs, sah Khe auch, wie der Stress des Geldverdienens auf den Schultern seiner Eltern lastete, die der Mittelklasse angehörten. Nachdem die Familie mehrere Monate gespart hatte, um einen Drucker zu kaufen, musste der junge Khe mitansehen, wie ein Dieb seinem Vater das Gerät direkt aus den Händen riss. Sie erwarben nie mehr einen neuen Drucker.

Als er kurz vor dem Abschluss stand, waren nur vier Berufe für Khe von Bedeutung; das heißt, es waren die einzigen Jobs, die genug Geld einbrachten: Anwalt, Banker, Ingenieur und Arzt. Er wählte das Bankenwesen. Er hatte immer noch vor, sich an seinen Spielplan zu halten: Geld verdienen, Status erlangen, dazugehören.

Während Khes Rekrutierungsprozesses lockten ihn die Investmentbanken mit dem Glanz ihrer Branche. Sie ließen ihn in schwarzen Wagen abholen und luden ihn und seine Kommilitonen in die besten Restaurants in New Haven ein. Junge Firmenteilhaber gaben Khe Whisky für 50 Dollar das Glas aus und schwärmten von den Boni am Ende des Jahres und den üppigen Essensverabredungen mit den Klienten. Die Karriereleiter im Investmentbanking folgte einem eindeutigen Verlauf, vom Praktikanten zum Analysten zum Teilhaber zum Vizepräsidenten zum Direktor. Khe sah sich schon auf dem Pfad ganz an die Spitze.

Im ersten Jahrzehnt seiner Karriere als Banker stieg er rasch durch die Ränge auf. Er verbrachte seine Sommerferien vom College und die Jahre direkt nach dem Abschluss an der Wall Street, bevor er sich für BlackRock entschied, das größte Finanzmanagementunternehmen der Welt. Aber trotz seines beruflichen Erfolgs konnte Khe sich des nagenden Gefühls nicht erwehren, sich nicht dem richtigen Spiel zu widmen. Er sah seine Vorgesetzten – die erfahrenen Profis, in deren Fußstapfen er vordergründig treten würde –, die sich zu Meetings am Samstagmorgen zuschalteten, während ihre Kinder im Hintergrund spielten. Khe arbeitete regelmäßig 70-Stunden-Wochen und empfand zunehmend Groll gegen seine Kollegen, die etwas höhere Boni erhielten. Die schicken Abendessen und die neuen Nike Jordans hatten ihren Glanz verloren.

Dieses nagende Gefühl war wie ein Steinchen in Khes Schuh. Aber er ignorierte es und visierte das nächste Ziel an. Mit 28 kaufte er sein erstes Apartment in New York City. Er verdiente eine Million im Jahr, noch bevor er 30 war. Mit 31 wurde er zu einem der jüngsten Managing Director in der Firmengeschichte. Es gab immer eine weitere Beförderung oder den nächsten Jahresbonus, der kurzfristig seine existenzielle Verzweiflung betäubte. Aber jedes Mal wurde Khe ein kleines bisschen mehr gegen diese materiellen Leistungen immun. »Der Erfolg ist wie eine Sucht«, erzählte er mir. »Das erste Mal, wenn man high wird, halluziniert man. Aber wenn man jeden Tag raucht, braucht man schon am Morgen zehn Züge an der Bong, nur um sich normal zu fühlen.«

Alles spitzte sich zu, als Khe mit 33 eines Morgens aufwachte und zur Hochzeit eines seiner besten Freunde gehen wollte. Seine Freundin bemerkte, dass ihm eine Haarsträhne ausgefallen war, wie er später erfuhr, aufgrund stressbedingten Haarausfalls. Sie mussten in wenigen Stunden zur Hochzeit los. Verzweifelt googelte Khe nach einer kurzfristigen Lösung. In einem örtlichen Duane-Reade-Drogeriemarkt fand er eine Sprühflasche, mit der man die Glatze kaschieren konnte – im Grunde Sprühfarbe für die Haare – und benutzte sie, um die kahle Stelle zu verstecken. Nach der Hochzeitszeremonie ging er ins Bad und stellte im Spiegel fest, dass die Sprühfarbe ihm den Nacken hinunterlief.

Er hatte also die höchsten Stufen des Erfolgs erklommen, zumindest auf dem Papier. Er war Jahrgangsbester an der Highschool gewesen, Yale-Absolvent und einer der jüngsten Managing Director in der Geschichte der größten Finanzverwaltungsfirma der Welt. Und doch war er so gestresst, dass ihm die Haare ausfielen. 15 Jahre lang hatte Khe angenommen, sein Bankkonto würde eines Tages alle seine Sorgen dahinschmelzen lassen, aber als er sein Spiegelbild betrachtete – ein 33-jähriger Mann mit beginnender Glatze, mit Flecken schwarzer Farbe auf seinem gebügelten weißen Hemd –, wurde ihm klar, dass all sein Wohlstand und Status ihn nicht retten würden.

Wenn wir jemanden als erfolgreich bezeichnen, meinen wir selten, er sei glücklich und gesund. Wir meinen, dass die Person eine Menge Geld verdient. Das ist eine Wahrheit, welche die meisten Amerikaner ungerne zugeben. Als sie gefragt wurden: »Wie definieren Sie persönlich Erfolg?«, stimmten 97 Prozent in einer Umfrage 2019 der folgenden Aussage zu: »Eine Person ist erfolgreich, wenn sie den eigenen Interessen und Talenten folgte, um so gut wie möglich in dem zu werden, was ihr am wichtigsten ist.« Aber auf die Frage: »Wie glauben Sie, dass andere Menschen den Erfolg definieren?«, erwiderten nur 8 Prozent dasselbe. Stattdessen stimmten 92 Prozent zu, dass *andere* eine Person als erfolgreich definieren würden, »wenn sie reich ist, Karriere gemacht hat oder prominent ist«.[152] Mit anderen Worten, die meisten Befragten glaubten, andere würden den Erfolg basierend auf Status, Ruhm und Reichtum definieren, aber weniger als 10 Prozent gaben zu, dass sie selbst die gleichen Ansichten hegten.

Selbst wenn jemand behauptet, seine Definition von Erfolg basiere nicht auf Wohlstand, Ruhm und Status, bedeutet das nicht, dass er auch so handelt. Amerikaner motiviert häufig das, was der Schriftsteller David Brooks »Lebenslaufwerte« nennt – die Abschlüsse, Berufstitel und Auszeichnungen, die vielleicht in Ihrem Lebenslauf stehen.[153] Lebenslaufwerte repräsentieren eine Art externe Ambition, eine, die der Blick anderer bestätigt. Und im Zeitalter der sozialen Medien gibt einem jede Kurzbiografie und jedes persönliche Update die Gelegenheit, die eigenen Leistungen in die Welt hinauszuposaunen, sodass andere sie sehen.

Khes Leben war ein Bilderbuchbeispiel an Lebenslaufwerten. Er hatte sich von einer Kindheit in der unteren Mittelklasse zum obersten 1 Prozent hochgearbeitet. Khes Status, Bildung und Finanzen repräsentierten den Gipfel dessen, was unsere Gesellschaft als erfolgreich betrachtet. Und doch fühlte er sich elend.

Das Statusspiel, dem er sich verschrieb, spielen auch Studenten, die um die besten Leistungen konkurrieren; Bewerber, die sich um prestigeträchtige Jobs bemühen, sowie Arbeiter, die Gehaltserhöhungen und Beförderungen anstreben. Es ist ein Spiel der Menschen, seitdem sie sich in Gruppen organisieren, und doch ist es auch die Ursache dafür, dass so viele leiden.

Für unsere Vorfahren war Status eine Frage des Überlebens. Ein höherer Status bedeutete besseren Zugang zu Essen, Partnern und Sicherheit. Das Gleiche könnte man heute auch noch behaupten. Menschen mit höherem Status haben bessere Chancen auf dem Dating-Markt, bessere Chancen, einen Kredit zu bekommen und besseren Zugang zur Gesundheitsversorgung.[154] Wie Loretta Graziano Breuning in ihrem Buch *Status Games: Why We Play and How to Stop* schreibt: »Im Naturzustand hatte der soziale Vergleich Konsequenzen, bei denen es um Leben und Tod ging, also hat die natürliche Auslese ein Gehirn erschaffen, das auf soziale Vergleiche mit einer Hirnchemie reagiert, die einer Situation entspricht, bei der es um Leben und Tod geht.«[155] Unsere Gehirne belohnen uns mit Serotonin, wenn wir einen höheren Status erreichen. Aber Serotonin wird in kurzen Schüben freigesetzt und rasch metabolisiert. Wenn das erste Hochgefühl verfliegt, wollen wir mehr und mehr.

Status regt zu exzellenten Leistungen an, wir können aber auch davon abhängig werden. Und die damit verbundene Mühe, ständig mit anderen um eine bessere Position zu wetteifern, macht uns nervös, gestresst und unzufrieden. Diese Dynamik erkennt man besonders am Arbeitsplatz, wo der Status der Angestellten offensichtlich ist. Im Job bestimmt das Gehalt unseren Wert. Berufstitel platzieren uns untereinander in eine Rangordnung. Das Versprechen von Beförderungen motiviert uns, weiter unser Bestes zu leisten. Es ist jedoch problematisch, an diesem Spiel teilzunehmen, ohne zuerst herauszufinden, was uns außer Status noch wichtig ist. Wenn unser Selbstwert allein von externen Belohnungen abhängt, verbringen wir womöglich unser ganzes Leben damit, diesen Anreizen hinterherzulaufen, ohne je wirklich zufrieden zu sein.

»Wir streben nach Status, weil wir unsere eigenen Vorlieben nicht kennen«, erzählte mir Agnes Callard, Philosophin an der University of Chicago. »Wenn wir unserer eigenen Definition dessen nicht trauen, was gut ist, lassen wir zu, dass andere Menschen es für uns definieren.« Callard stellt klar, das sei nicht immer schlecht. Statussymbole, wie Auszeichnungen und Anerkennung können uns dazu motivieren, mehr zu leisten. Aber wenn wir die Werte anderer als unsere eigenen annehmen, unterminieren wir unsere Autonomie. Statt herauszufinden, wie unsere eigene Definition von Erfolg lautet, nehmen wir den Erfolg von der Stange.

In bestimmten Szenarien dient es einem eindeutigen Zweck, nach Status zu streben. Ein Beispiel sind Videospiele. Die meisten Spiele bieten eine Welt mit einem eindeutigen Ziel, und die Leistungen lassen sich in eine Rangordnung bringen: Pac-Man muss alle Punkte aufessen; Mario muss die Prinzessin retten. Videospiele bieten das, was C. Thi Nguyen einen »verführerischen Pegel an Klarheit«, nennt.[156] Punkte erhalten, den Endgegner besiegen, gewinnen.

Wie Khe herausfand, bieten Jobs wie Investmentbanking ein ähnliches Maß an klaren Werten. Der Erfolg bemisst sich daran, wie viel Geld man macht – für die Firma und für sich selbst. Beförderungen, Boni und Gehaltserhöhungen markieren den Weg zum Erfolg wie die Punkte im Pac-Man-Labyrinth.

Diese Maßgaben sind aufgrund ihrer Schlichtheit verführerisch. Sie folgen vielleicht einer nuancierten persönlichen Definition von Erfolg, meinte Nguyen, »aber sobald jemand einem diese simplen, quantifizierbaren Repräsentationen von Wert bietet – besonders, wenn alle anderen im Unternehmen den gleichen Werten folgen –, dann überbietet diese Klarheit Ihre eigenen subtileren Werte.« Mit anderen Worten, es ist einfacher, die Werte des Spiels anzunehmen, als eigene festzulegen. Nguyen nennt dieses Phänomen »Wertefalle«.

Es gibt zahllose Beispiele für Wertefallen im täglichen Leben. Man kauft sich einen Fitbit, weil man die eigene Gesundheit verbessern will, aber dann ist man wie besessen davon, die Schrittzahl zu maximieren. Oder Sie werden Professor, um Studenten zu inspirieren, fixieren sich dann aber darauf, wie häufig Ihre Forschung zitiert wird. Sie erstellen einen Twitter-Account, um sich mit anderen zu vernetzen, aber sind dann wie gebannt von der Idee, Ihren Content viral gehen zu sehen. Natürlich ist es positiv für die Plattformen, auf denen diese Statusspiele ablaufen, wenn Sie Ihre Schritte, die Zahl Ihrer zitierten Stellen oder Ihre Retweets maximieren.

Die Ranglisten für Hochschulen des *U.S. News & World Report* bilden ein Beispiel für eine Wertefalle auf der Ebene von Institutionen. Bevor es den *U.S. News & World Report* gab, existierten keine standardisierten Ranglisten für Jurauniversitäten. Universitäten, an denen man Jura studieren konnte, hatten ihre eigenen Ziele und Schwerpunkte. An der einen konnte man vielleicht Rechtstheorie belegen, während eine andere sich auf Unternehmensrecht konzentrierte. Um eine Schule auszuwählen, entschieden die potenziellen Studenten, was ihnen wichtig war, und besuchten dann eine ihnen zusagende Hochschule. Die Ranglisten des *U.S. News & World Report* veränderten dies.

In einer 14 Jahre währenden Studie erforschten die Professoren Wendy Nelson Espeland und Michael Sauder, wie sich das Ranglistensystem für Jurahochschulen zu einer »Angstmaschine« entwickelte.[157] In ihrem Bericht erklärten sie, dass Universitäten ihre Zulassungsstandards aufgrund dieser Ranglisten neu ausrichteten und mehr Wert auf GPAs, LSAT-Scores und Beschäftigungsquoten ihrer Studenten legten, die dort ihr Aufbaustudium machten. Die Hochschulen verabschiedeten sich größtenteils von ihren Spezialisierungen und Mission-Statements, um sich selbst so zu positionieren, dass sie im Ranking aufstiegen. Espeland und Sauder fanden heraus, dass die Rankings andere Faktoren bei der Entscheidung der Studenten, an welcher Schule sie sich einschreiben sollten, überlagerten. Die »beste« Hochschule in den Rankings avancierte auch zur besten Schule in den Augen der Studenten.

Das Problem besteht nicht unbedingt darin, dass der *U.S. News & World Report* einen Standard für Exzellenz aufstellte. Bedenklich ist, dass Studenten und Institutionen diese Rankings als Standard verinnerlichten und nicht mehr gezwungen waren, sich zu überlegen, was ihnen wichtig war. Wenn jemand anderes bestimmt, was Erfolg bedeutet, muss man es nicht für sich selbst definieren.

Das erfuhr ich bei einer frühen Karriereentscheidung am eigenen Leib. Nachdem ich ein halbes Jahrzehnt im Techbereich gearbeitet hatte, war ich desillusioniert von Unternehmenspräsentationen und Marketingkampagnen. Ich verbachte meine Tage damit, Anzeigen und PR-Präsentationen zu erstellen, aber ich wollte ein echter Schriftsteller sein. Ich bewarb mich an der Columbia, in Berkeley und Stanford, die einige der prestigeträchtigsten Journalistenstudiengänge im Land anboten.

Die Bewerbungen abzuschicken, gab mir das Gefühl, auf meinem Weg zu meinem mutmaßlichen Ziel weiterzukommen. Es galt, eine Liste abzuhaken und Essays zu schreiben. In diesem Spiel war ich gut. Ich hatte mein Leben damit verbracht, akademische Hürden zu überwinden. Anders als Jura oder Medizin ist ein Journalistikstudium jedoch keine Voraussetzung, um in diesem Bereich zu arbeiten. Dennoch war es einfach Familientradition, ein weiterführendes Studium zu absolvieren. Erst als ich zugelassen wurde, rang ich mit der Entscheidung, ob ich wirklich dorthin gehen wollte.

Ich suchte Rat bei einem Mentor, dem Autor Robin Sloan. Wir verabredeten uns zum Kaffee. Es nieselte, als wir uns morgens im Café unter der Oakland Freeway-Überführung trafen. Nachdem er zugehört hatte, wie ich meine gedanklich vorbereitete Pro-/Kontra-Liste herunterleierte, stellte mir Robin eine Frage, die direkt zum Kern vordrang: »Wenn du gehen könntest, aber du dürftest niemandem davon erzählen, würdest du dennoch hingehen?«

Ich war so dankbar für diese Frage. Zum ersten Mal dachte ich über meine intrinsische Motivation nach. Interessierte es mich tatsächlich, etwas zu lernen, oder wollte ich einfach nur den Abschluss vorweisen können? Ich beschloss hinzugehen, und ich bin froh, dass ich es getan habe. Aber wenn Robin mir diese Frage nicht gestellt hätte, hätte ich mir nie die Zeit genommen, zu erörtern, was mir wichtig war, unabhängig von der Meinung anderer.

Öffentliche Ranglisten und Auszeichnungen können unser Verhalten beeinflussen, noch bevor wir die Grundschule besuchen. In einem der berühmtesten Psychologieexperimente über Motivation beobachteten die drei Forscher Mark Lepper, David Greene und Richard Bisbett, wie Schüler an einer örtlichen Vorschule ihre Freizeit verbrachten. Nachdem sie festgestellt hatten, welche Kinder gerne malten, teilten sie die jungen Künstler in drei Gruppen ein.

Zu Beginn des Experiments zeigten die Forscher einer Gruppe von Schülern den »Good Player Award«, eine Auszeichnung mit einem goldenen Stern, rotem Band und dem Namen des Schülers darauf. Sie versprachen den Schülern in dieser Gruppe, dass sie den Preis erhalten würden, wenn sie malten. Gruppe zwei präsentierten sie keinen Preis, aber wenn die Schüler malten, erhielten sie am Ende der Sitzung einen solchen. Gruppe drei wurde kein Preis gezeigt, und sie erhielt auch keinen.

Zwei Wochen nach dem Experiment kehrten die Forscher in das Klassenzimmer zurück, um die Schüler in ihrer freien Zeit zu beobachten. Die Teilnehmer in Gruppe zwei und drei malten nach dem Experiment genauso viel wie vorher. Aber die Schüler in der ersten Gruppe – die erwartet hatten, einen Preis zu erhalten, nachdem sie gemalt hatten – verbrachten weniger Zeit mit Malen als vor dem Experiment. Es war nicht der Preis selbst, sondern dass sie erwarteten, ihn zu erhalten, wodurch sich das Interesse der Schüler am Malen verringert hatte.

Der wissenschaftliche Artikel mit dem Titel »Das intrinsische Interesse von Kindern mit externen Belohnungen untergraben« wurde zu einer der am häufigsten zitierten Studien, um menschliche Motivation zu erklären. Lepper, Greene und Nisbett kamen zum Schluss, dass interne Befriedigung durch eine Aktivität abnehmen kann, wenn man eine externe Belohnung erwartet.[158]

Die Forscher replizierten das Experiment mehrere Male mit anderen Schülern und später mit Erwachsenen. Erneut stellten sie fest, dass eine mögliche Belohnung für eine Aktivität diese von Spiel in Arbeit verwandelt. Wie Daniel Pink in seinem Bestseller von 2009, *Drive: The Surprising Truth about What Motivates Us*, schrieb: »Wenn-dann-Belohnungen machen es erforderlich, dass Menschen einen Teil ihrer Autonomie aufgeben … und das schlägt ein Loch in den Boden ihres Motivationseimers, sodass alle Freude aus einer Aktivität herausfließt.«[159]

Wenn die externe Belohnung von unserer Fähigkeit abhängt, in einer bestimmten Weise etwas zu leisten – ob dies nun darin besteht, für die Schule etwas zu lesen oder wegen der Arbeit Auto zu fahren –, kann das unsere Beziehung zu dieser Aktivität verändern. Dies wissen wir intuitiv: Nur gegen externe Belohnung zu arbeiten, stellt uns selten dauerhaft zufrieden. Wie im alten Sprichwort: Wie viel Geld ist genug, Mr. Rockefeller? Nur noch ein bisschen mehr.

Khes frühes Leben war durch »Wenn-dann«-Denken diktiert. Wenn ich gute Noten bekomme, dann komme ich auf ein gutes College. Wenn ich auf ein gutes College komme, dann ergattere ich einen gut bezahlten Job. Wenn ich einen gut bezahlten Job ergattere, dann werde ich glücklich sein. Aber als Khe mehr von dem erhielt, was er wollte, fühlten sich diese Gewinne nicht nur weniger bedeutend an, sondern seine Ziele verschoben sich immer weiter.

Michael Norton, Professor an der Harvard Business School, demonstrierte dieses Phänomen in einer Studie an mehr als 2000 Millionären. Er stellte ihnen zwei einfache Fragen: Wie glücklich sind Sie auf einer Skala von 1 bis 10? Und wie viel mehr Geld brauchen Sie, um auf 10 von 10 zu kommen? Unabhängig davon, ob die Teilnehmer 1 Million, 2 Millionen oder 5 Millionen besaßen, antworteten sie alle dasselbe: dass sie glücklicher wären, wenn sie zwei- bis dreimal so viel Geld hätten wie im Moment.[160]

Die »Wenn-dann«-Falle plagt ebenso Eliteathleten. Nachdem er zehn Spielzeiten in der NBA absolviert hatte, achtmal ins All-Star-Team gewählt wurde, viermal die höchste Punktzahl der Saison und einen MVP-Award errungen hatte, gewann NBA-Legende Kevin Durant endlich 2017 die erste NBA-Meisterschaft mit den Golden State Warriors. Aber im Sommer danach wirkte er distanziert und niedergeschlagen. Steve Nash, damals Berater der Warriors, beschrieb ihn so: »Er suchte nach dem Sinn des Ganzen. Er glaubte, die Meisterschaft würde alles verändern und fand heraus, dass das nicht der Fall war. Er war unbefriedigt.«[161]

Michael Phelps, der meistdekorierte Olympionike aller Zeiten, sprach von einem ähnlichen Gefühl der Leere, nachdem er bei seinen zweiten Olympischen Spielen angetreten war. »Es ist, als träumten wir den größten Traum, den wir überhaupt träumen konnten, und wir verwirklichten ihn. Was machen wir jetzt?«, erzählte der Schwimmer der *New York Times*.[162] Phelps' Leeregefühl ließ ihn in ein Loch aus Drogenmissbrauch und Depression stürzen.

Sich auf externe Erfolgsmarker zu verlassen, kann ehrgeizige Profis in jedem Feld dazu bringen, sich stets unbefriedigt zu fühlen. Das bedeutet nicht, Ehrgeiz und Leistung seien unbedingt schlecht. Aber um die tiefsten Bedürfnisse unserer Seele zu befriedigen, müssen unsere Werte mit denen des Spiels übereinstimmen, das wir spielen. Wir müssen sicherstellen, dass unsere Meinung über den Erfolg tatsächlich unsere eigene ist.

Nguyen kennt einen Begriff für diesen Prozess – Wertselbstbestimmung –, den er als Gegengift zur Wertefalle betrachtet. Wertselbstbestimmung bedeutet einfach nur, selbst herauszufinden, was einem wichtig ist. Seine eigenen Werte zu bestimmen, erlaubt es einem, die Definition von Erfolg an die eigene einzigartige Persönlichkeit und die Lebensumstände anzupassen. Nachdem er ein Videospiel beendet hat, kann ein Spieler, mit etwas Abstand betrachtet, sich selbst fragen, ob es das Spiel wert war und er seine Zeit gut genutzt hat. Aber in der Karriere gibt es weniger vorgesehene Pausen. Dies traf auf jeden Fall auf Khe zu. Es erforderte eine Reihe von Veränderungen in seinem Leben, um zu realisieren, dass die Werte, die sein Leben bestimmten, nicht seine eigenen waren.

Eines Nachmittags fragte einer von Khes direkten Untergebenen bei BlackRock nach einem Rat, ob er auf die Business School gehen sollte oder nicht. Für jemanden, der in der Finanzwelt vorankommen will, kann ein MBA wertvoll sein. Khe glaubte, die Business School könnte die Ausbildung des Mannes, den er mentorierte, abrunden und ihm eine Auszeit von der aufreibenden Arbeit an der Wall Street bieten, also riet er ihm, es zu versuchen. Der junge Mann, den er mentorierte, hörte auf Khes Rat und beschloss hinzugehen.

Als einer von Khes Vorgesetzten davon Wind bekam, war er jedoch wütend. »Er war einer unserer Top-Performer«, schrie Khes Chef. »Ich fasse es nicht, dass Sie ihn gehen gelassen haben.« Khe wusste, wieso er sich der Finanzwelt angeschlossen hatte: um Geld zu verdienen. Aber in der Unterhaltung mit seinem Chef war er unleugbar mit der Tatsache konfrontiert, dass die Werte der Firma von seinen eigenen abwichen. Das Unternehmen interessierte sich nur für das Wohlergehen seiner Angestellten, insofern es der Firma nützte.

2014 gebar Khes Frau ihre erste Tochter, Soriya. Als Khe seinen engsten Vertrauten mitteilte, er sei unglücklich und überlege, ob er BlackRock verlassen solle, sagten diese Dinge wie: »Das ist ziemlich riskant« oder »Was ist mit deiner Tochter?« Aber an seine neugeborene Tochter zu denken, inspirierte Khe und schreckte ihn nicht davon ab, letztlich den Job zu kündigen, vor dem ihm mittlerweile graute.

Vater zu werden, rückte sein Leben in die richtige Perspektive. »Mir wurde klar, dass es riskanter war, wenn mein Kind zusah, wie sein Vater ohne jedes Interesse etwas einfach nur des Geldes wegen tut«, erzählte er mir. Den Jahresbonus zu erreichen, war nicht mehr sein Leitstern. Vater zu werden, hatte ihn inspiriert, den Kurs zu ändern.

2015 kündigte Khe bei BlackRock. Seine Vorgesetzten waren erneut vor den Kopf gestoßen. In dieser Firma verfügte Khe über einen sicheren Arbeitsplatz, ein siebenstelliges Jahreseinkommen und einen beeindruckenden Berufstitel. Aber seine Chefs erkannten nicht, dass Khe seinen Enthusiasmus verloren hatte, das Finanzspiel weiter mitzubetreiben. Er war 35 Jahre alt, hatte ein kleines Kind, eine Partnerin, die kürzlich ihren Abschluss in Malerei an einer Kunsthochschule absolviert hatte, und er hatte keine neue Stelle in Aussicht.

Bald nach dem ersten Hochgefühl, die Finanzwelt hinter sich gelassen zu haben, begannen die Fragen. Seine Freunde und früheren Kollegen wollten wissen: »Was kommt als Nächstes?« Ein einziger Elternteil aus Soriyas Kinderkrippe, der fragte: »Was machen Sie?«, genügte schon, um Khe ins Entsetzen zu stürzen.

Spiele sagen uns genau, was wir tun sollten und wie gut wir es tun.[163] Sie bieten eine Art existenziellen Balsam. Also ist es einleuchtend, dass Khe nur Monate, nachdem er bei BlackRock aufgehört hatte, nach einem neuen Spiel suchte. Er dachte darüber nach, sich einem Techunternehmen anzuschließen. Vielleicht könnte er auch Life-Coach werden? Kurz überlegte er, eine Venture-Kapitalfirma zu gründen. Aber all diese Optionen kamen ihm vor, als würde er dieselbe Arbeit nur in anderem Gewand tun. Es waren immer noch Spiele, für die Khe sich interessierte, weil man dadurch Status gewinnen konnte und nicht aufgrund des Vergnügens an der Arbeit selbst. Aber es gab eine Aktivität, fiel Khe bald ein, bei der er sich fühlte, als würde die Zeit nur so verfliegen.

In seiner neugefundenen Freizeit füllte Khe seine Tage, indem er Podcasts hörte, Magazine las und YouTube-Videos guckte. Er fand so viel inspirierenden Content, dass er beschloss, eine E-Mail mit Empfehlungen an eine Gruppe von 36 Freunden zu schicken. Er fühlte sich wie ein Schüler auf der Highschool, der ein Mixtape zusammenstellt – es machte ihm Spaß, etwas für andere zusammenzustellen, das sie genießen konnten. Im Betreff stand: »Was Großartiges zum Lesen aus meinem letzten Urlaub.« Die E-Mail selbst enthielt vier Links zu Artikeln, zwei YouTube-Videos und eine Podcast-Episode. Die ernst gemeinte letzte Zeile lautete: »Ich bin nicht sicher, wann ich Zeit für die nächste finde.«

Die E-Mail traf einen Nerv. Fast alle, die sie erhielten, antworteten, wie sehr sie die Empfehlungen zu schätzen wussten. Einige Freunde leiteten sie an andere weiter. Dies war für Khe das Signal, auf etwas gestoßen zu sein. Er verschickte weitere Empfehlungs-E-Mails, und seine Empfängerliste wuchs. Schließlich beschloss er, den Newsletter *RadReads** zu gründen. *RadReads* wurde die Basis für Khes nächstes Projekt.

* A.d.Ü: grob übersetzt: »Toller Lesestoff«

Heute hat der Newsletter mehr als 40.000 Abonnenten.[164] Khe und seine Familie sind von Manhattan nach Manhattan Beach in Kalifornien gezogen. Er verdient seinen Lebensunterhalt mit *RadReads* und einem Onlinekurs mit dem Namen »Boosten Sie Ihre Produktivität« (»Supercharge Your Productivity«), den er kreiert hat und der »hochqualifizierten Berufstätigen helfen soll, ohne Überstunden oder bestimmte Tools mehr erledigt zu bekommen«.

Khe ist die Ironie nicht entgangen, dem Stress an der Wall Street zu entfliehen, nur um dann anderen beizubringen, wie man produktiver vorgehen kann. Aber seiner Meinung nach ist dieser Kurs über Produktivität wie ein trojanisches Pferd. Sein wahrer Zweck besteht darin, den Kursteilnehmern beizubringen, ihr Leben in höherer Übereinstimmung mit den eigenen Werten zu führen. Die Lektionen zu Themen wie »Unproduktive Momente reframen«, »Sich um das Wichtige, nicht das Dringende im Leben kümmern« und »Entspannung lernen« sind unterbrochen von Modulen über Forschung über Produktivität und Aufgabenmanagement. Letztlich hofft Khe, seinen Schülern beizubringen, wie man gemäß seiner eigenen Bedingungen lebt, was ihm selbst sein neuer Lebensstil auf jeden Fall ermöglicht. Er geht jeden Tag surfen, verpasst nie ein Essen mit der Familie und bringt stets seine Töchter – es sind mittlerweile zwei – ins Bett. »Selbst, wenn ich *RadReads* für ein paar Millionen verkaufen könnte«, sagte er mir, »würde das nicht dafür sorgen, dass ich glücklicher wäre.«

Neulich war ich im Süden Kaliforniens, um mir anzuschauen, wie Khe heute lebt. Es war ein Freitagnachmittag, 23 Grad warm, und vor dem wolkenlosen Himmel säumten Palmen die Straßen und wirkten, als würden sie für eine Postkarte posieren. Khe öffnete die Tür in seiner üblichen »Cooler-Papa«-Montur mit blauen Air-Max-Turnschuhen, Jogginghosen mit Karottenschnitt und einem grauen T-Shirt mit V-Ausschnitt.

Auf dem Regal in seinem Büro lag ein Stapel Bücher, der seinen neuen Lebensstil angemessen zusammenfasste: *The Artist's Way* (dt.: *Der Weg des Künstlers: Ein spiritueller Pfad zur Aktivierung unserer Kreativität*) von Julia Cameron, *Surf is Where You Find It* von Gerry Lopez und *Range: Why Generalists Triumph in a Specialized World* (dt.: *Es lebe der Generalist!: Warum gerade sie in einer spezialisierten Welt erfolgreicher sind*) von David Epstein. Zwei Surfbretter lehnten an der Wand und rahmten den Hintergrund, vor dem er seine Zoom-Calls annimmt. Neben den Brettern hängt ein Wimpel, auf dem »Dumbo, NYC« steht; eine Erinnerung an ein früheres Leben.

Khe beschrieb seinen Alltag folgendermaßen: Er meditiert jeden Morgen, läuft einen Block, um seine Töchter zur Schule zu bringen, und geht dann zum Pazifischen Ozean, den er liebevoll den »board room« nennt, obwohl seine Frau dabei die Augen rollt.

Khes neues Leben prägt immer noch das Statusspiel. Die Surfbretter in seinem Büro sind seine eigene öffentliche Ansage, um die Zustimmung von anderen zu erlangen. Die Möglichkeit, mitten am Tag an den Strand zu gehen – und anderen davon zu erzählen –, ist eine Art Prahlerei. Aber der Unterschied besteht darin, dass Khe sich heute einem Spiel widmet, das er tatsächlich genießt.

Der Skeptiker in mir glaubt, dass der Lebensstil, den Khe für sich erschaffen hat, nur aufgrund der jahrelangen Arbeit an der Wall Street möglich ist. Sicher, er hat seine künftigen Verdienstmöglichkeiten beschnitten, aber er hatte es schon »geschafft«. Er hatte sich bereits die Lebenslaufwerte angeeignet. Seine beträchtlichen Ersparnisse senkten das Risiko, seinen Kurs im Leben zu ändern, um einen Pfad einzuschlagen, der mit seinen Werten besser im Einklang steht. Aber als ich mit Khe in seiner Garage saß, wo der Neoprenanzug und altmodische Hip-Hop-Poster an der Wand hängen, seine Frau in einer Ecke malte, während Soriya mit Kreide Regenbögen auf den Gehweg zeichnete, wurde mir klar, dass der Frieden, den Khe jetzt empfindet, nicht daher stammt, zu ignorieren, was anderen wichtig ist. Er resultiert daraus, dass er die Werte anderer mit seinen eigenen ausbalanciert.

Eine Karriere nur aufgrund eigener Wünsche zu wählen, ohne sich zu überlegen, was der Markt erfordert, kann zum Beispiel dazu führen, dass Menschen eine Menge Schulden für ihre Ausbildung anhäufen, die nicht direkt in unmittelbaren Jobchancen münden. Es kann zu Situationen führen, in denen Künstler sich nicht auf ihre Kunst konzentrieren können, weil sie sich ständig sorgen müssen, wie sie die Miete bezahlen sollen. Andererseits kann eine Berufswahl, die nur auf den Anforderungen des Markts beruht und die eigenen Herzenswünsche nicht beachtet, Menschen ihr ganzes Leben damit verbringen lassen, Leitern zu erklimmen, auf denen sie gar nicht stehen wollten. Selbst wenn Sie Ihrer Arbeit *mit* Leidenschaft nachgehen, kann der ständige Karrieredruck den intrinsischen Nutzen mindern, den Sie daraus ziehen, zu Beginn ein bestimmtes Berufsfeld ausgewählt zuhaben.

Der Schlüssel zu einer persönlichen Erfolgsdefinition liegt darin, zu berücksichtigen, was Ihnen selbst *und* dem Markt wichtig ist – in den Worten des Theologen Frederick Buechner, herauszufinden, »wo unsere tiefste Zufriedenheit und der tiefste Hunger der Welt sich treffen«. Khes finanzielle Lange half ihm sicherlich, ein wunderbares Leben zu gestalten, aber es trägt noch eine weitere Zutat zu seinem Seelenfrieden bei – der Mangel daran hält einige der reichsten Wall-Street-Banker ab, sich je befriedigt zu fühlen. Khe hat einen Appetit nach dem kultiviert, was er bereits hat. Ihm ist seine persönliche Definition von »gut genug« durchaus bewusst.

Was mir besonders im Gedächtnis blieb, als ich Khe in seinem kalifornischen Zuhause besuchte, war nicht der Sonnenschein oder die Wellen oder das ganze Drumherum, das ein Mann Mitte 40, der sein Lebensglück gefunden hat, aufgebaut hat. Es war der Tonfall seiner Stimme – das entspannte Gesprächstempo eines Sonntagsmorgens, in dem er redete, als könnte er sich gar nicht daran erinnern, wann er das letzte Mal in Eile war. Er brauchte keine Spiele mehr zu gewinnen.

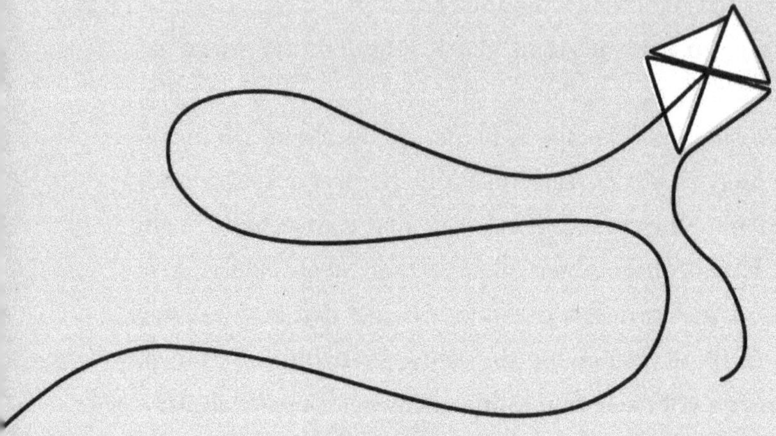

KAPITEL 9

Eine Welt mit weniger Arbeit

Über den Mythos der persönlichen Grenzen

Man neigt oft dazu, gesellschaftliche Probleme zu personalisieren: Die haben den falschen Job gewählt oder die haben sich den falschen Partner gesucht oder die haben nicht genug Geld gespart. Häufig arbeiten wir innerhalb dieses Systems, das unsere Wahlmöglichkeiten einschränkt.[165]

— TARA JEFFERSON

Am Tag nach Thanksgiving fand ich mich in einer vertrauen Situation wieder: am Feiertag arbeiten. Die Ironie blieb mir nicht verborgen. Da sitze ich also, schreibe ein Buch darüber, dass Menschen sich in Amerika überarbeiten, und das an einem Tag, an dem ich dafür bezahlt werde, mich auszuruhen. Am Vormittag war ich nicht besonders produktiv, was ich mir auch hätte denken können, angesichts von Wein und Bergen von leckeren Kohlenhydraten und Frittiertem am Abend zuvor. Aber ich betrachte mich immer noch kritisch, wenn ich nicht so produktiv bin, wie ich sein sollte, sowie dafür, an meinem freien Tag zu arbeiten, was nach meiner eigenen verdrehten Logik dafür sorgt, dass ich vermutlich noch mehr tätig bin.

In Wahrheit ist es mir peinlich, wie sehr mein Selbstwertgefühl an meine Produktivität geknüpft ist. Obwohl ich an einem Buch schrieb, das die angemessene Rolle behandelt, welche die Arbeit in unserem Leben spielen sollte, würde ich lügen, wenn ich behauptete, ich hätte dafür eine einfache Lösung gefunden. So schrieb ich unter anderem dieses Buch neben einem Vollzeitjob. Ich habe die letzten paar Monate damit verbracht, es in 50 bis 60 Stunden pro Woche fertigzubekommen. Ich bin stolz auf die Wochen, in denen ich meine Schreibziele erreiche und schäme mich für die Wochen, in denen ich es nicht schaffe.

Ohne es zu realisieren, wurde die Arbeit an diesem Buch ein zentraler Teil meiner Identität. Ich habe mich immer noch nicht daran gewöhnt, mich als Autor zu bezeichnen, aber wie ein Harvard-Absolvent und seine Alma Mater brauche auch ich nur wenig Anregung, um in alltäglichen Gesprächen von meinem Buch zu reden. Ich trage es wie ein Abzeichen an der Jacke.

Außerdem schreibe ich zwar über die Gefahr, stets zu erwarten, dass die Arbeit eine Quelle der Befriedigung ist, aber die meiste Zeit liebe ich meine Tätigkeit. Ich kann mich glücklich schätzen, einen Job im Designbereich gefunden zu haben, der mich herausfordert, meine Kreativität anregt und mir immer noch ermöglicht, das zu tun, was mir leidenschaftlich am Herzen liegt – über Dinge berichten und darüber zu schreiben –, wenn ich gerade nicht bei der Arbeit bin und meine Zeit bezahlt wird.

Als ich mit diesem Projekt begann, motivierten mich zwei persönliche Fragen: Wie wurde mein Beruf so zentral für meine Identität? Und wie könnte ich meinen Selbstwert von meinem Output trennen? Zwei Jahre später weiß ich keine einfachen Antworten darauf. Aber ich glaube nicht, deshalb bei meiner Berichtsarbeit versagt zu haben. Ich denke, es ist einfach das Endergebnis.

Wenn ich eines von den Dutzenden Menschen gelernt habe, mit denen ich für dieses Buch gesprochen habe, dann die Tatsache, wie komplex es ist, unser Verhältnis zur Arbeit zu bestimmen. Bei verschiedenen Gelegenheiten konnte ich mich mit der Person, die ich interviewte, identifizieren – mit Divyas ungebremstem Ehrgeiz, der sie in den Burn-out trieb; mit Fobazis Idealbild ihres Traumberufs und ihrer späteren Desillusionierung; mit Megans Teilnahmslosigkeit und mit Khes Wunsch, zu kündigen und komplett von vorne anzufangen.

Auch wenn wir also den Punkt erreicht haben, an dem sich in diesem Buch die Frage stellt: »Was können wir ändern?«, zögere ich, irgendwelche Patentlösungen anzubieten, um unser belastetes Verhältnis zur Arbeit zu verbessern. Auch wenn Sie vielleicht dringend nach einer einfachen Lösung suchen, um eine gesündere Beziehung zum Job zu entwickeln, fürchte ich, keinen Zehn-Schritte-Plan liefern zu können. Das liegt daran, dass es keine universelle Antwort darauf gibt, welche Rolle die Arbeit in unserem Leben spielen sollte. Unsere Beziehung zum Beruf ist weder fix noch sollten wir uns dies wünschen. Indem wir mit dem Stellenwert der Arbeit in unserem Leben ringen, werden wir entdecken, was uns wirklich wichtig ist.

Einer der Hauptgründe für Überarbeitung ist, dass viele von uns die uns umgebende Kultur des Geldscheffelns um jeden Preis verinnerlicht haben. Während ich dieses Buch schrieb, sagte mir kein Chef, wann ich arbeiten sollte und wann nicht. Ich nahm mir vor, mein Leben nicht vom Schreibprozess vereinnahmen zu lassen und regelmäßige Pausen in meinen Wochenablauf einzuplanen. Dennoch war ich stets an der Grenze zum Burn-out. Das Problem mit den selbstauferlegten Grenzen ist, dass sie durchlässig sind. Es war zu leicht, meine hehren Vorhaben zu vernachlässigen, wenn ich mich von der Angst, das Manuskript nicht rechtzeitig fertigzubekommen oder von dem Gefühl überwältigen ließ, keine Pause verdient zu haben.

Mit den Worten des Autors James Clear: »Es ist schwierig, die eigenen Angewohnheiten zu ändern, wenn man die zugrunde liegenden Glaubenssätze nicht ändert, die unser Verhalten in der Vergangenheit bestimmt haben.«[166] Solange ich glaubte, dass mein Selbstwert an meine Fähigkeit geknüpft ist, etwas zu produzieren, würde mein Drang, mehr zu leisten, immer meine Absichten untergraben, weniger zu arbeiten.

Darüber hinaus ist Überarbeitung ein systemisches Problem – eines, das ökonomische, politische und kulturelle Faktoren verursachen – und daher sind die Möglichkeiten einer Person, etwas daran zu ändern, limitiert. Nur zu häufig müssen sich Berufstätige selbst darum kümmern, einen Raum für sich zu schaffen und zu schützen, in dem sie nicht von der Arbeit bestimmt sind. Allgemein übliche Tipps gegen Burn-out, wie »Grenzen setzen« oder »sich um sich selbst kümmern«, lassen sich nicht durchsetzen, wenn es keine institutionelle Unterstützung dafür gibt. Wenn Ihrem Unternehmen Mitarbeiter fehlen oder das Ende des Quartals näher rückt oder Ihr Gehalt an die Anzahl Ihrer Arbeitsstunden geknüpft ist, dann ist der Versuch, persönliche Grenzen zu setzen, so ähnlich, als wollten Sie sich mit einem Cocktailschirmchen vor der Sonne schützen.

Einfach gesagt, besteht das Problem mit persönlichen Grenzen darin, dass sie unweigerlich gebrochen werden. »Wenn es in der Verantwortung des Individuums liegt, eine gesunde Arbeitskultur zu erschaffen, wird man stets scheitern. Punkt«, schreibt Anne Helen Petersen. »Die Verantwortung für eine bessere Kultur liegt beim Arbeitsplatz selbst – [der] in einzigartiger Weise in der Lage [ist], die Sorte von verpflichtenden Richtlinien zu konstruieren, die tatsächlich die Angestellten schützen können, besonders diejenigen, die noch am Anfang der Karriere stehen und die sich besonders vor dem heranrasenden Güterzug der Arbeit schützen wollen.«[167]

Aber strukturelle Interventionen sind ebenso limitiert. Auf der Organisationsebene werden großzügige Urlaubsregelungen und gesundheitliche Betriebszusatzleistungen ohne die Arbeit, die Vorgesetzte von ihren Mitarbeitern verlangen, zu reduzieren, die Kultur nur geringfügig verändern. Wie mir Khe erzählte, wirkten zwei Wochen Urlaub nicht automatisch erfrischend auf ihn, nachdem er 15 erschöpfende Jahre an der Wall Street verbracht hatte.

Auf politischer Ebene können Schutzbestimmungen der Regierung nur dann bedeutende Veränderungen herbeiführen, wenn sie auch reale Konsequenzen nach sich ziehen. Frankreich wird zum Beispiel oft für seine Gesetzgebung von 2017 gelobt, die das »Recht, offline zu sein« vorschreibt. Diese Bestimmung verlangt von Unternehmen mit mindestens 50 Mitarbeitern, nach Ende der Arbeitszeit die Anrufe und E-Mails zu begrenzen. Aber die Ergebnisse sind bisher dürftig. Eine Studie ermittelte, dass 97 Prozent der Befragten keinen Unterschied bemerkt haben, seitdem das Gesetz eingeführt wurde. »Wir sollten uns nichts vormachen«, sagte ein französischer Personalmanager. »Selbst im Urlaub sind die Manager in diesem Unternehmen niemals offline.«[168]

Auf ähnliche Weise ist Japan auf der anderen Seite des Globus ein Vorreiter in puncto Elternzeit: Väter können bis zu einem Jahr bezahlten Urlaub nehmen. Aber es besteht ein großer Unterschied zwischen dieser politischen Richtlinie und ihrer Umsetzung. 2017 haben nur mickrige 5 Prozent der Väter diesen vergüteten Urlaub genommen, auf den sie ein Recht haben.[169] Dies weist auf zwei Voraussetzungen für eine gesündere Beziehung zum Beruf hin: 1) der strukturelle Schutz, um sicherzustellen, dass Angestellte auch ein Leben außerhalb der Arbeit haben; und 2) der kulturelle Wille, das auch umzusetzen.

Die Arbeitskultur zu verändern, wird mehr erfordern, als dass Unternehmen Urlaubstage für die mentale Gesundheit ausrufen oder Berufstätige sich Hobbys suchen. Für viele von uns wird es nötig sein, die Rolle der Arbeit in unserem Leben fundamental zu überdenken. Institutionen werden ihre Arbeitsweise verändern, und Berufstätige werden ihren Glauben daran verlernen müssen, nur so wertvoll zu sein wie das, was sie produzieren. Dabei kann ich mir zuerst an die eigene Nase fassen.

Aber trotz alledem hoffe ich weiter. Inmitten all der Angst und des Leids, das die Covid-19-Pandemie mit sich brachte, wurden in den Monaten nach März 2020 doch Schritte eingeleitet, die beweisen, dass ein Wandel möglich ist. Politische Ideen wie ein garantiertes

Mindesteinkommen und universelle Hilfe bei der Kindererziehung, die man einst für progressive Luftschlösser hielt, wurden zu Realitäten, wenn auch nur temporär. Unternehmen, die früher die Remote-Arbeit als unpraktikabel bewerteten, passten sich an flexiblere Arbeitsweisen an. Leute, deren Leben um den Job kreiste, mussten sich damit beschäftigen, wer sie außerhalb des Büros sind. Und Arbeitskräfte, die unterbezahlt waren, keinen Arbeitsschutz hatten oder sich nicht wertgeschätzt fühlten, kündigten in ungekanntem Ausmaß. Die Pandemie stieß nicht nur eine Kündigungswelle (die sogenannte »Great Resignation«) an, sondern bewirkte auch ein enormes Umdenken. Sie zeigte, dass die Standardmethoden, nach denen wir tätig sind, sich verändern können, und daher bin ich in Bezug auf die Zukunft vorsichtig optimistisch.

Der Aktivist Dana White postete neulich eine einfache Frage auf Twitter: »Wenn Kapitalismus nicht existieren würde und für alle deine Bedürfnisse gesorgt wäre, was würdest du mit deinem Leben machen?«[170] Zigtausende Antworten zeichnen das Bild einer Welt ohne Job als Schwerpunkt, um den der Rest des Lebens kreist.

Leute schrieben, dass sie Hobbyastronomen werden, Urban Gardening betreiben, Gedichte am Straßenrand rezitieren oder Sozialarbeit machen wollten. Meine Lieblingsantwort war wohl: Ich würde weiter tun, was ich bisher tat, nur mit weniger Sorge, Frustration und Trauma, wenn es ums Geld geht. Es ist bemerkenswert, dass die Fantasien der Menschen die Arbeit nicht ausschlossen. Aber nicht mehr als Voraussetzung fürs Überleben darauf angewiesen zu sein, erweiterte das Spektrum dessen, was die Menschen für möglich hielten.

Mit diesem Geist der Möglichkeit will ich ein paar Anregungen bieten, wie wir die Arbeit in unserem Leben als weniger zentral betrachten können. Die erste richtet sich an Regierungen, die zweite an Unternehmen und die letzte an Sie.

1. ÜBERLEBEN UND ARBEIT ENTKOPPELN

Vor Kurzem interviewte ich Adam Haar Horowitz, einen Forscher am MIT, der Schlaf und Träume studiert, und er bat mich, ein Experiment zu unternehmen. »Stellen Sie sich vor, Sie schlafen in einem Hotelzimmer ein«, sagte er. *Okay, nicht schwer*, dachte ich. »Gut, stellen Sie sich nun vor, Sie versuchen in einem Hotelzimmer einzuschlafen, während die Tür weit offen ist.« Mein ganzer Körper spannte sich sofort an. Ich könnte sicher nie einschlafen, wenn ein Killerclown jederzeit einfach durch die Tür spazieren könnte.

Um sich auszuruhen und damit auch zu träumen, müssen wir uns zuerst sicher fühlen. Wenn wir das nicht tun, wird unser Säugetierverstand einen Teil unseres Gehirns wachhalten, damit wir auf Bedrohungen vorbereitet sind.

Ich glaube, eine ähnliche biologische Kraft befeuert meine Neigung, zu viel zu arbeiten. Trotz meines gut bezahlten Jobs und der vielen unterstützenden Menschen um mich herum, fürchte ich, egal wie irrational das ist, dass ich meinen Lebensunterhalt verlieren werde – oder zumindest meine Karriere ins Stocken gerät. Liefere ich nicht mehr als erwartet, so meine Logik, beweise ich nicht ständig meinen Wert, dann werde ich irgendwie zurückfallen. Ich habe die Werte des Kapitalismus zu meinen eigenen gemacht: Wachstum ist Fortschritt. Stagnation ist der Tod.

Im ganzen Land untersuchen Forscher, wie man am besten die wirtschaftlichen Realitäten und fundamentalen Bedürfnisse adressiert, die so vielen Amerikanern die nötige Ruhe rauben. Warnung: Ich werde über ein universelles Grundeinkommen reden, das zu einem Klischee in Büchern über die Arbeitswelt geworden ist. Persönlich interessiert mich weniger ein garantiertes Einkommen als politisches Thema, sondern mehr als moralische Haltung – eine, die unsere grundlegenden menschlichen Bedürfnisse als grundlegende Menschenrechte betrachtet, statt als Belohnung für bezahlte Arbeit.

In der Praxis kann es mehrere Formen annehmen, wenn wir unser ausgefranstes soziales Sicherheitsnetz flicken. Es könnte bedeuten, den peinlichen Zustand zu beenden, in welchem wir als einziges Industrieland der Welt ohne staatlich verordneten bezahlten Urlaub dastehen. Es könnte implizieren, die tonnenschwere Last der Studienschulden zu beseitigen, die auf den Schultern von Millionen Amerikanern lastet.[171] Es könnte mit sich bringen, dass wir den Kinderbonus bei der Steuer ausweiten, der sich als effektives Mittel gegen Armut erwiesen hat.[172] Oder wir könnten unser mangelhaftes Gesundheitssystem überarbeiten, für das die Vereinigten Staaten beachtliche *42 Prozent* mehr pro Einwohner ausgeben als jedes andere Land der Welt.[173]

Stattdessen nenne ich das universelle Grundeinkommen als ein Beispiel, denn es illustriert die Lawine an positiven Effekten – für Berufstätige wie für unsere Wirtschaft –, die daraus resultieren könnten, die wirtschaftliche Baseline für alle zu erhöhen. In einem Land mit derart hohen Kosten für Gesundheitswesen, Bildung und Kinderbetreuung, sind selbst Berufstätige mit Hochschulbildung nicht immun gegen die Schmerzen der ökonomischen Unsicherheit.

Als Referenzpunkt führte die Stadt Stockton in Kalifornien zwei Jahre lang ein Experiment durch, bei dem 125 Einwohner ein bedingungsloses monatliches Stipendium von 500 Dollar erhielten.[174] Es gab keine Vorgaben in puncto Beschäftigung oder irgendwelche Beschränkungen, wofür die Leute das Geld ausgeben durften. Nahezu 40 Prozent der Teilnehmer nutzten ihre Stipendien für Lebensmittel. Andere nutzten das Geld, um ihre Kinder ins Footballcamp zu schicken oder die Gummidichtungen an ihren Autos auswechseln zu lassen. Die 48 Jahre alte Zohna Everett spendete jeden Monat 50 Dollar an ihre Kirche und verwendete dann den Rest für DirecTV, Strom- und Wasserrechnung, Autoversicherung, Miete sowie dafür, mit ihrem Ehemann auszugehen.

Das Stipendium bot Zohna auch die Stabilität, eine Vollzeitstelle zu ergattern.[175] Nachdem sie 2018 ihren Job als Logistikspezialistin beim Verteidigungsministerium verloren hatte, erledigte sie Gelegenheitsjobs bei DoorDash und Uber, während sie online Collegekurse besuchte. Aber im Verlauf dieses Experiments konnte sie eine Stelle im Tesla-Werk in der Nähe erhalten. »Ich kann wieder atmen, wissen Sie?«, antwortete sie auf meine Frage, was mehr Einkommen für sie bedeute.

Dass Zohna eine Vollzeitstelle erhielt, widerspricht der üblichen Kritik an einem bedingungslosen Grundeinkommen und der Ausweitung der Sozialversicherung. Ihre neugefundene ökonomische Stabilität sorgte dafür, dass sie mit mehr statt weniger Elan nach einer Vollzeitstelle suchte. Tatsächlich ergatterten die Teilnehmer des Experiments *um 12 Prozent* eher eine Vollzeitstelle als vorher. Diejenigen, die das Stipendium erhalten hatten, berichteten auch über verringerte Angstzustände und Depressionen, verglichen mit den Mitgliedern der Kontrollgruppe.

Aber der Modellversuch mit dem bedingungslosen Grundeinkommen in Stockton ermutigt vielleicht am meisten deshalb, weil die zusätzlichen finanziellen Mittel für die Einwohner »neue Gelegenheiten für Selbstbestimmung schufen, die Auswahlmöglichkeiten verbesserten und es leichter machten, Ziele zu setzen sowie Risiken einzugehen«.[176] Kurz gesagt, die Teilnehmer konnten mehr über ihr eigenes Schicksal bestimmen. Einige, wie Zohna, entschieden sich, eine sicherere Stelle zu suchen. Andere investierten in ihre Familie oder Gemeinde. Natalie Foster, Präsidentin des Economic Security Project, der Non-Profit-Gesellschaft, die das Experiment mit dem bedingungslosen Grundeinkommen durchführte, berichtete mir, dass »der Versuch in Stockton nicht das menschliche Bedürfnis zu arbeiten konkretisierte«. Stattdessen sah sie dieses Projekt als Beispiel dafür, was passiert, wenn man es Arbeitnehmern mehr gewährt, sich ihren Job *auszusuchen*.

Für mich fällt vor allem eines beim Versuch in Stockton auf, das auch bei den Daten der Kündigungswelle während der Pandemie herausstach: Ein Mindestmaß an Sicherheit genügt, dass Berufstätige Stellen verlassen, die nicht gut genug sind. Einer Umfrage von Pew Research zufolge waren die drei häufigsten Kündigungsgründe für Angestellte im Jahr 2021 niedriges Einkommen (63 Prozent), keine Aufstiegsmöglichkeiten (63 Prozent) und ein Gefühl mangelnden Respekts am Arbeitsplatz (57 Prozent).[177] Aber die meisten der fast 50 Millionen Amerikaner, die 2021 ihre Jobs kündigten, gingen der arbeitenden Bevölkerung nicht verloren.[178] Sie fanden bessere Stellen – mit besserer Bezahlung, flexiblerer Arbeitszeit und besseren betrieblichen Leistungen. Und diejenigen, die aus der berufstätigen Bevölkerung ausschieden – um in Rente zu gehen, sich um Familienangehörige zu kümmern oder eine Auszeit zu nehmen –, sind deswegen nicht weniger würdevoll.

Amerikanische Politiker sprechen oft über Vollzeitarbeit, als wäre sie die Voraussetzung für Menschenwürde. Dasselbe Ethos verbirgt sich hinter Gesetzen, die von Menschen verlangen, zu arbeiten, um Wohlfahrtsleistungen zu erhalten. Und auch wenn ich zustimme, dass der Beruf den Menschen ein Gefühl der Unabhängigkeit und des Lebenszwecks vermitteln kann, ist bezahlte Arbeit nicht das einzige Mittel zu diesem Zweck. Es gibt Millionen Eltern und Menschen, die Angehörige pflegen, deren Arbeit nicht weniger würdevoll ist, nur weil sie nicht vergütet wird. Millionen Amerikaner verloren während der Pandemie ihren Job, und sie verdienen nicht weniger Respekt, nur weil sie entlassen wurden – häufig ohne eigenes Verschulden.

Die menschlichen Grundbedürfnisse von unserem Beschäftigungsstatus zu entkoppeln, bedeutet, zu verkünden, dass jeder von uns wertvoll ist, ob mit oder ohne Vollzeitstelle. Dies schafft ein Fundament, um umfassender darüber nachzudenken, was eine gute Arbeit ist, aber auch, was es bedeutet, ein gutes Leben zu führen. Dann können wir endlich ruhen, ohne dass die Tür weit offen steht.

2. TATEN STATT WORTE

1996 ließ Steelcase, einer der weltweit führenden Möbelhersteller, ein seltsames Kunstwerk in seinem Hauptsitz in New York City installieren: einen Glaskasten mit einer Grundfläche von 1,20 Meter mal 1,80 Meter, mit 1500 Ameisen darin. Die Installation sollte so etwas wie ein Schlachtruf für ein aufregendes neues Zeitalter sein, in dem die Trennungslinien zwischen Arbeit und Leben verwischen.

»Arbeit ist heute ganz anders als früher einmal«, sagte Dave Lathrop, einer der Manager von Steelcase. »Für viele Menschen verschmelzen Arbeit und Freizeit. Ameisen leben, um zu arbeiten und arbeiten, um zu leben.« Aber wie damals *The Wall Street Journal* anmerkte, leben Ernteameisen nur zwischen drei bis vier Monate.[179] Eine bessere Interpretation wäre vielleicht gewesen: »Man arbeitet, und dann stirbt man.«

Ernteameisen, die in einem Glaskasten herumrennen, symbolisieren zutreffend den Zustand der Arbeitswelt im heutigen Amerika. Eine Umfrage der Society für Human Resource Management im Jahr 2021 ergab, dass 41 Prozent der Amerikaner sich ausgebrannt fühlen.[180] Nur 36 Prozent der Berufstätigen hatten das Gefühl, im Job ganz bei der Sache zu sein.[181] Eine weitere Studie, dieses Mal von McKinsey, ergab, dass zwei von fünf Angestellten planten, ihre Arbeitsstellen in den nächsten drei bis sechs Monaten zu kündigen.[182] Bemerkenswerterweise verließen 2021 tatsächlich 47,8 Millionen US-Bürger ihre Stellen, die höchste Zahl, die je verzeichnet wurde.[183] Ähnliche Trends verzeichnen auch andere Länder auf der ganzen Welt.

Hohe Zahlen an Burn-out und Teilnahmslosigkeit sind systemische Probleme, die man nicht mit Meditations-Apps und Zoom-»Happy-Hours« kurieren kann. Und Berufstätigen wird dies zunehmend klar – wenn auch aus keinem anderen Grund, als dass es sich zu einem kostspieligen Problem ausgeweitet hat. Forscher schätzen, dass gesunkene Produktivität, Teilnahmslosigkeit der Angestellten, häufige Kündigungen und Krankenstände zusammen als Kosten des Burn-outs sich für die Arbeitgeber auf bis zu 190 Milliarden Dollar im Jahr belaufen.[184]

Jedes Jahr geht es in vielen neu erscheinenden Büchern und auf Konferenzen um den Wunsch der Arbeitgeber, eine gesündere Arbeitskultur zu erschaffen. Die Empfehlungen sind zahlreich – von Kapseln, in denen man Nickerchen halten kann, sogenannte »Nap Pods« in Büroräumen, über beruhigende Beleuchtung und Yogastunden nach der Arbeit bis zu bezahlten Freiwilligentagen. Ich könnte mir vorstellen, dass Arbeitgeber bald miteinander in einen Wettkampf geraten werden, wer die beste Work-Life-Balance erreicht, genauso wie sie darum konkurrieren, wer es schafft, am geradlinigsten der eigenen Unternehmensmission zu folgen. Aber unabhängig von irgendeiner bestimmten Richtlinie gibt es zwei Voraussetzungen für jede Firma, die eine gesündere Arbeitsplatzkultur etablieren will: Die Führungskräfte müssen ein Beispiel für die

Kultur abliefern, die sie zu kreieren hoffen, und Unternehmen müssen Systeme implementieren, um die Freizeit der Angestellten zu schützen.

Dabei inspiriert mich Mathilde Collin, CEO der Arbeitsplatzkommunikationsplattform Front, Kopf einer Bewegung von Führungspersonen aus dem Silicon Valley, die offen über Burn-out und mentale Gesundheit reden. Nachdem sie das anstrengende Accelerator Program für Start-ups der Firma Y Combinator durchlaufen und ein millionenschweres Unternehmen aufgebaut hatte, erkannte Collin, dass ihre Neigung, zu viel zu arbeiten, ihren Job – oder ihren Arbeitsplatz – nicht verbesserte.

Die Krise spitzte sich zu, als Collin im Mai 2017 gezwungen war, vom Unternehmen zurückzutreten und sich um ihre psychische Gesundheit zu kümmern. Fronts Umsatz und Kundenstamm wuchsen; die Firma hatte kürzlich 10 Millionen Dollar an Finanzierung aufgebracht. Aber auch wenn das Geschäft gesund und stabil war – Collin war es nicht. Sie wachte eines Morgens auf, unfähig, auf ihren Laptop zu sehen, ohne einen stechenden Kopfschmerz zu verspüren. Sie stand auf, um das Haus zu verlassen, aber ihre Beine versagten ihr den Dienst. »Ich empfinde diese extreme Angst, die dafür sorgt, dass ich das Leben hasse«, sagte sie damals zu ihrem Arzt.[185] Nachdem sie ein paar Wochen freigenommen hatte – eine der ersten Arbeitspausen, seitdem sie vier Jahre vorher Front gegründet hatte –, beschloss sie, einige persönliche Veränderungen vorzunehmen.

Collin löschte alle beruflichen Apps von ihrem Handy, ließ ihren Laptop zu Hause, als sie in Urlaub fuhr, und begann von Donnerstagnachmittag an, von zu Hause nur mit einem Notizblock und Stift zu arbeiten. »Als Führungsperson weiß ich, dass die Leute mein Verhalten kopieren werden«, schrieb Collin kürzlich in einem Blogbeitrag. »Es ist schließlich so – wenn ›die Chefin‹ während ihrer Flitterwochen mitten in der Sahara auf eine E-Mail antworten kann, wer hat dann eine gute Ausrede, nicht das Gleiche zu tun?«[186]

Collins persönliches Verhalten stieß einige fortschrittliche Richtlinien im ganzen Unternehmen an, wie etwa regelmäßige dreitägige Wochenenden und monatliche Boni für Angestellte, die weniger als zwei Stunden täglich am Handy sind. Aber das Fazit ist klar: Wenn Führungspersonen in Unternehmen nicht die Kultur verkörpern, die sie erschaffen wollen, wird sich das nie auf den Rest des Teams übertragen.

Megan aus dem vierten Kapitel bemerkte etwas Ähnliches, als sie eine Auszeit von der Redaktionsarbeit nahm. Während sie bei *Wired* tätig war, deaktivierte sie nie den grünen Punkt auf Slack, der anzeigte, dass sie verfügbar war. Sie wollte den Reportern vermitteln, sie immer erreichen zu können. Sie betonte ihren Mitarbeitern gegenüber, ihre eigene Verfügbarkeit bedeute nicht, dass sie selbst ebenso immer erreichbar sein mussten. Aber sie merkte später, dass es nicht ausreichte, das nur mit Worten zu sagen. »Man kann den anderen sagen, sie sollen sich ausloggen, bis man grün im Gesicht wird«, erzählte sie mir. »Wenn die Leute sehen, dass ihre Chefin die ganze Zeit online ist, fühlen sie sich unter Druck gesetzt, dasselbe zu tun.«

Zudem inspiriert mich Doist, ein Start-up, das ausschließlich auf Remote-Arbeitsplätze setzt und über 100 Angestellte in 39 verschiedenen Ländern verfügt. Im Gegensatz dazu, alles in einen einzigen Kalender zu pressen, schaffte Doist die üblichen Betriebsferien ab. Stattdessen bietet das Unternehmen den Angestellten 40 freie Tage im Jahr, die sie nehmen können, wann sie wollen.[187] 40 freie Tage im Jahr sind großzügig für ein Unternehmen – besonders für Amerikaner, deren Urlaub normalerweise nur ein Viertel davon beträgt –, aber die Dauer ist weniger beeindruckend als die Bedingungen. Statt die Angestellten entscheiden zu lassen, ob und wann sie Urlaub nehmen, übernimmt Doist die Verantwortung, deren Freizeit zu schützen. Die Urlaubstage sind verpflichtend.

Verpflichtet zu sein, Urlaub zu nehmen, ist ein systemischer Wandel, der wirklich die Arbeitskultur verändert. »Produktivität und sich freizunehmen, sind wie Yin und Yang«, erzählte mir Amir Salihefendić, Gründer und CEO von Doist. »Die Möglichkeit sich auszuklinken, zu entspannen und die Batterien aufzuladen, ist genauso wichtig, wie ehrgeizig, organisiert und produktiv zu sein.«

3. DEFINIEREN SIE SELBST, WAS FÜR SIE »GUT GENUG« IST

Toni Morrison wurde in ihrem Leben schon mit vielen Titeln bedacht: Autorin, Nobelpreisgewinnerin, Professorin, Jazzliebhaberin. Über das Schreiben hinaus hatte sie aber auch immer einen Job. Sie überarbeitete Textbücher, unterrichtete Englisch und lektorierte Belletristik. Eine ihrer ersten Stellen war als Putzfrau in ihrer Heimatstadt Lorain in Ohio.

Eines Tages beschwerte sich Morrison bei ihrem Vater darüber, dass sie die Häuser reicher Menschen putzte. Ihr Vater stellte seinen Kaffee ab und meinte. »Hör zu. Du lebst dort nicht. Du lebst hier. Bei deiner Familie. Geh in die Arbeit. Verdiene Geld. Und komm wieder nach Hause.«

Morrison schrieb später in *The New Yorker* darüber, wie die Worte ihres Vaters sie beeindruckt hatten. »Seit dieser Unterhaltung mit meinem Vater habe ich nie wieder den Status meiner Arbeitsstelle als Maßstab für mich selbst gesehen«, erinnerte sie sich. »Ich habe nie die Sicherheit eines Jobs über den Wert eines Zuhauses gestellt.«[188]

Morrisons Job war wichtig, aber er war ihr Lebensunterhalt, nicht ihr Leben. Wenn ich darüber nachdenke, was es bedeutet, einen Beruf zu haben, der gut genug ist, denke ich an die Weisheit von Morrisons Vater: Gehe zur Arbeit. Verdiene Geld. Komm wieder nach Hause.

Der Sommer, den ich in der Highschool damit verbrachte, mit einem Hochdruckreiniger die Terrassen anderer Leute zu reinigen, brachte mir mehr bei als irgendeiner meiner Kurse im folgenden Schulhalbjahr. Meine erste Stelle in der Werbebranche lehrte mich, wann ich meine Meinung kundtun sollte, und wann ich lieber den Mund hielt. Die Techbranche vermittelte mir Pragmatismus. Die Arbeit als Designer lehrte mich Optimismus. Und Journalismus brachte mir bei, mich zu engagieren.

Durch die Arbeit fand ich Lebenssinn und -zweck sowie Freunde fürs Leben. Aber das Wichtigste, das mir der Job gab – die eine Sache, die ich davon auf jeden Fall erwarte –, war genug Geld für meinen Lebensunterhalt. Letztlich ist die Berufstätigkeit ein ökonomischer Vertrag. Es ist der Austausch von Arbeitskraft gegen Geld. Je deutlicher wir das hervorheben, desto besser.

Über die eigene Arbeit als reine Transaktion zu sprechen, mag extrem erscheinen. Man erzählt uns, Jobs sollen eine Berufung, Leidenschaft und mehr als nur ein Gehaltsscheck sein. Aber Unternehmen behandeln die Arbeit wie eine Transaktion. Sie stellen Mitarbeiter ein, die einen Wert generieren, und feuern Angestellte, die dies nicht tun. Das aus den Augen zu verlieren, schafft die Bedingungen für Ausbeutung.

Ich meine das nicht zynisch. Im Gegenteil glaube ich daran, dass ein eher transaktionaler Ansatz in Bezug auf die Arbeit sowohl die Arbeitgeber als auch die Angestellten befreit. Es macht die Arbeitgeber frei, sich darauf zu konzentrieren, klare Erwartungen darüber zu formulieren, wie gute Arbeit aussieht. Es macht die Berufstätigen frei, für faire Kompensation zu streiten, statt einfach anzunehmen, dass es irgendwie gegen die Interessen des Unternehmens verstoßen würde, wenn man über Geld redet. Aber das Wichtigste ist, dass es die Arbeitnehmer befreit, wenn sie die Arbeit als Lebensunterhalt betrachten und nicht als die Gesamtheit ihres Daseins.

Um es deutlich zu sagen, ich glaube nicht, dass ein eher transaktionaler Ansatz in Bezug auf die Arbeit notwendigerweise dafür sorgt, dass einem der Job egal ist oder man keine gute Arbeit leistet. Niemand hat etwas dagegen, dass man die eigene Arbeit mit den persönlichen Interessen auf eine Linie bringt oder hart daran arbeitet, sein Handwerk zu perfektionieren. Ich plädiere hingegen dafür, unsere Erwartungen kollektiv neu auszurichten. So unrealistisch es ist, davon auszugehen, dass unser Partner alle unsere sozialen, emotionalen und intellektuellen Bedürfnisse befriedigt, so unrealistisch ist es, zu erwarten, dass ein Job die einzige Methode zur Selbstaktualisierung darstellt. Dies ist eine Last, die unsere Arbeit nicht schultern kann und wofür sie auch nicht gedacht ist.

Kurt Vonnegut und Joseph Heller waren einmal auf einer Geburtstagsparty eines Milliardärs und Hedgefonds-Managers, als Vonnegut Heller eine Frage stellte: »Joe, wie fühlst du dich, wenn du weißt, dass unser Gastgeber gestern vermutlich mehr Geld verdient hat als dein Roman *Catch-22* seit seinem Erscheinen?«

»Nun«, meinte Heller, »ich habe etwas, was er niemals haben wird.«

»Was in aller Welt mag das sein, Joe?«, fragte Vonnegut.

»Das Wissen, dass ich genug habe.«[189]

Ich liebe diese Geschichte. Genug – oder im Fall dieses Buches »gut genug« – ist subjektiv. Sie bestimmen, was gut genug für Sie bedeutet. Vielleicht ist es eine Stelle bei einem bestimmten Unternehmen oder ein Job, der ein gewisses Einkommen mit sich bringt. Vielleicht ist es eine Position mit einem bestimmten Titel oder eine Tätigkeit, bei der Sie zu einer festgelegten Uhrzeit Schluss haben. Welcher Job für Sie auch gut genug sein mag, Sie sollten erkennen, wann Sie diesen gefunden haben. Denn dann können Sie dem Rat von Morrisons Vater folgen: Sie können nach Hause gehen.

Nachdem ich Hunderte Menschen interviewt und viele Stunden mit den zentralen Personen in diesem Buch verbracht habe, stellte ich fest, dass diejenigen mit den gesündesten Beziehungen zu ihrer Arbeit eines gemeinsam hatten: Sie alle verfügten über ein gutes Gespür dafür, wer sie waren, wenn sie nicht beruflich tätig waren. Das fand Divya heraus, als sie gezwungen war, bei Prameer aufzuhören; es war, was Josh entdeckte, als er die Unternehmenswelt verließ, und was Khe in Kalifornien fand.

Um unser Gespür für unseren Selbstwert von unserer Arbeit abzukoppeln, müssen wir jedoch zuerst ein Selbst entwickeln, das kein Chef, kein Berufstitel und kein Markt verändern kann. In Morrisons Worten: »Du bist nicht die Arbeit, die du tust; du bist die Person, die du bist.«[190] Ein Job, der gut genug ist, ist einer, der es Ihnen ermöglicht, die Person zu sein, die Sie sein wollen.

Ich begann dieses Buch mit einer einfachen Frage: Was tun Sie? Ich will es mit einem Vorschlag beenden, wie wir diese Standardfloskel des amerikanischen Small Talks verändern können. Wir müssen nur ein kleines Wort hinzufügen: »Was tun Sie gerne?« Diese Frage gestattet uns, uns selbst aufgrund unserer eigenen Bedingungen zu definieren.

Vielleicht lesen Sie gerne Belletristik. Vielleicht kochen Sie gerne Gerichte der mediterranen Küche. Vielleicht malen Sie gerne mit Wasserfarben oder schreiben. Vielleicht tun Sie diese Dinge in Ihrem Job. Oder auch nicht. Vielleicht ist das gut genug.

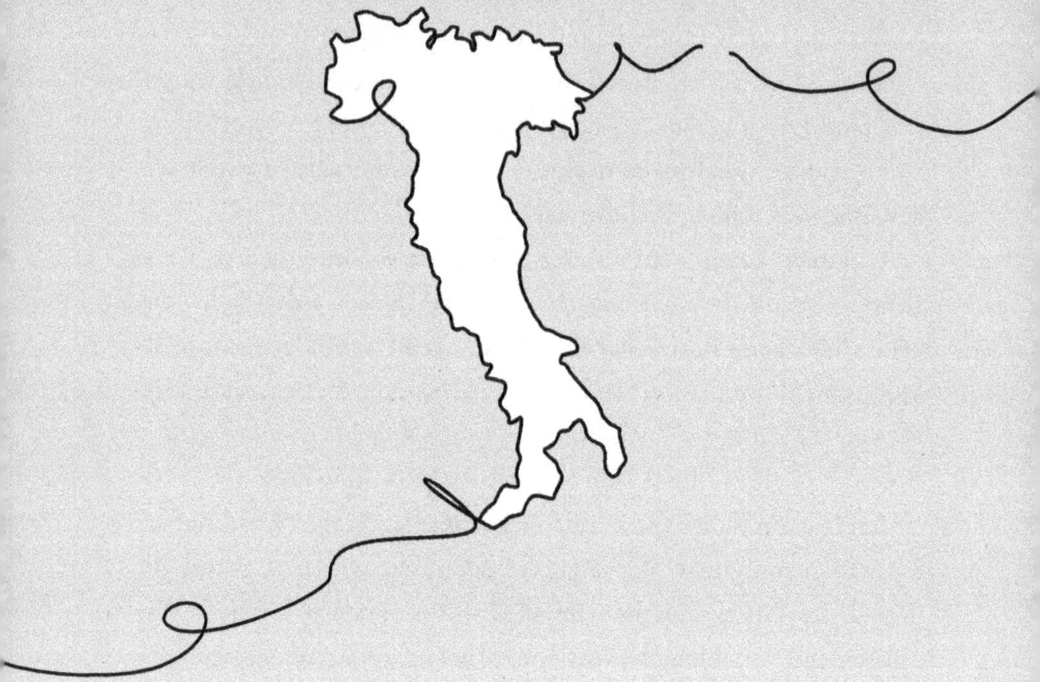

Epilog

Es war drei Uhr morgens, als mein bester Freund anrief. Ich war 24 und arbeitete in einer Werbefirma in San Francisco. Mein Freund Travis lebte in Finnland, wo es neun Stunden später war.

»Jo, sorry, dass ich dich aufgeweckt habe«, sagte er.

»Was ist los, Mann?«, murmelte ich, als ich nach dem Lichtschalter tastete.

»Ich weiß nicht, wie ich drauf gestoßen bin, aber ich bin auf diesem Reiseblog und bin über diesen irren Deal für einen Flug von San Francisco aus gestolpert. Keine Ahnung, wie lang das Angebot noch gilt.«

»Wovon redest du?«, fragte ich.

»Es gibt diesen Technik-Glitch auf Priceline.com«, meinte er. »Wenn du eine bestimmte Reiseroute von San Francisco nach New York, New York nach Mailand und acht Tage später von Prag nach Ho-Chi-Minh-Stadt buchst, dann kostet das ganze Ticket 229 Dollar. Ich schicke dir den Link.«

Der Deal hörte sich zu gut an, um wahr zu sein. Aber als ich tatsächlich draufklickte, erschien ein Blogbeitrag mit einer Schritt-für-Schritt-Anleitung.

»Ich habe gerade meine Tickets gekauft!«, schrieb jemand in den Kommentaren. »Da die Flüge ab USA gehen, stehen die Chancen gut, dass der Preis auch gilt«, schrieb jemand anderes. Ein anonymes Genie schlug vor, dass jeder, der das versehentliche Schnäppchen kauft, auf dem ersten Teil der Reise eine rote Mütze tragen sollte.

Ich war überzeugt. Ich kaufte an diesem Morgen das Ticket und sagte sofort bei der Arbeit Bescheid. Einige Wochen später kam ich mit einem 45 Liter fassenden Rucksack am San Francisco International Airport an. Als ich durch den Terminal ging, grinste ich jeden an, der eine rote Mütze trug.

Im folgenden Jahr nannte ich 21 Länder mein Zuhause. Ich reiste mit dem Rucksack durch Asien und dann nach Afrika, wo ich über Land von Nairobi nach Kapstadt gelangte. Unterwegs begann ich, Magazinen und Zeitungen Artikel anzubieten. Ich berichtete über das Erdbeben 2015 in Nepal, den Wandel der Tourismusindustrie in Myanmar und den Opiumhandel in Nordthailand. Ich hatte zwar vorher schon Anzeigen und Marketingtexte geschrieben, aber erst als ich aus meinem Alltagstrott ausbrach, entwickelte ich das Selbstvertrauen, endlich mein Ziel zu verfolgen, Journalist zu werden.

Aber die Reise brachte für mich mehr ins Rollen als nur eine neue Karriere. Das erste Mal in meinem Erwachsenenleben kostete ich von einer Version des Lebens, in der nicht der Job im Mittelpunkt stand. An einigen Tagen tat ich kaum mehr, als bis abends durch die Straßen einer fremden Stadt zu schlendern. Auf dieser Reise habe ich zum ersten Mal meditiert, ein Motorrad gefahren oder etwas geschrieben, ohne damit zu rechnen, es irgendjemandem zu zeigen. Ich lernte mein nichtproduktives Selbst kennen.

Bis ich dieses Flugticket kaufte, hätte man meinen Lebenspfad als das charakterisieren können, was William Deresiewicz, ehemaliger Englischprofessor in Yale, einen »Weltklassereifenspringer« hätte nennen können. In einer berühmten Rede vor Absolventen erwähnte Deresiewicz, wie viele seiner Studenten darauf gedrillt waren, jedes Ziel zu erreichen, das man ihnen vor Augen hielt.[191] Sie konnten sich jede Formel merken, in jedem Test die beste Note ergattern und »den rutschigen Mast jeder Hierarchie erklimmen, an die sie sich binden wollen«. Auch wenn sie ehrgeizig waren und Bestleistungen erbrachten, waren sie »gefangen in einer Blase aus Privilegien und liefen alle brav in dieselbe Richtung«.[192] Wie es einer seiner Studenten ausdrückte, waren Yale-Studenten »exzellente Schafe«.

Ich war ebenfalls ein exzellentes Schaf. Die ersten 24 Jahre meines Lebens war meine begrenzte Vorstellung von einem Lebenszweck darauf beschränkt gewesen, nur den nächsten Reifen zu sehen, durch den ich springen sollte. Nach der Grundschule lernte ich viel, um für eine ausgesuchte Highschool zugelassen zu werden. Auf der Highschool wählte ich Extraaktivitäten außerhalb des Stundenplans, die mich zu einem attraktiven Kandidaten für eine prestigeträchtige Hochschule machen würden. Auf dem College belegte ich ein Hauptfach, das mir helfen würde, einen Job zu bekommen und bewarb mich um Praktikantenstellen in einer bestimmten Branche – der Werbung –, weil ich dachte, damit meine Eltern und Peergroup zu beeindrucken.

Mein Pfad, durch das Privileg meiner Herkunft geebnet – von einer Privatschule in San Francisco auf ein Ivy League College und dann in einen gut bezahlten Bürojob –, war wie von einem Drehbuch festgelegt. Aber Travis' kleiner Anstoß um drei Uhr nachts und die Fehlfunktion von Priceline sorgten dafür, dass ich das Drehbuch in die Tonne warf. Mir wurde klar, dass ich viel besser als gedacht bestimmen konnte, welche Rolle die Arbeit in meinem Leben spielen sollte.

Drei Wochen, nachdem ich das Manuskript für dieses Buch eingereicht hatte, traf ich eine weitere Entscheidung, die das Drehbuch beeinflussen sollte: Ich kündigte meinen Job in der Designagentur, in der ich vier Jahre tätig gewesen war. Nachdem ich so viel gearbeitet hatte, um das Buch fertigzustellen, war mir klar, dass ich eine Pause brauchte. Aber als ich meine Kündigungs-E-Mail geschrieben und auf »Absenden« geklickt hatte, machten sich sofort Zweifel breit.

Hätte ich noch ein halbes Jahr bleiben und mich um eine Beförderung bemühen sollen? Was werden meine Eltern denken? Bin ich verantwortungslos, weil ich einen sicheren Job kündige, ohne zu wissen, was danach kommt?

Diese Zweifel waren mir von vielen Berufstätigen vertraut, mit denen ich geredet hatte und die sich ebenfalls entschieden hatten, der Arbeit weniger Priorität in ihrem Leben einzuräumen. Es ist leicht, sich von den lockenden Zyklen aus Performance-Review, Quartalsverkaufszielen und LinkedIn-Milestones mitreißen zu lassen. Eine Akademikerin, die ich interviewte (und deren Expertise darin liegt, »eine Zukunft der Arbeit zu entwerfen, bei welcher der

Mensch mehr im Mittelpunkt steht«), nahm sich nach der Geburt ihrer ersten Tochter nur zwei Wochen Schwangerschaftsurlaub, weil sie sich nicht vorstellen konnte, noch mehr Zeit von ihren Forschungsprojekten getrennt zu sein. Der Druck, ständig zu arbeiten, sitzt tief – und unsere Regierung, unsere Institutionen und unser eigener Verstand verstärken ihn.

Es ist leicht, sich einen Softwareingenieur bei Google oder einen Koch mit Michelin-Stern oder einen Wall-Street-Manager anzusehen und zu denken: Die wissen genau, wo es langgeht. Allzu oft vergleichen wir unser Innenleben mit dem äußeren Schein anderer Menschen. Wenn ich in den letzten Jahren irgendetwas durch meine Gespräche mit Berufstätigen gelernt habe, dann dass selbst diejenigen, die alle Lebenslaufwerte angesammelt haben, immer noch herauszufinden versuchen, welche Rolle die Arbeit in ihrem Leben spielt.

Den konventionellen Erwartungen an den Beruf zu widerstehen, erfordert Mut. Viele Elemente unserer Gesellschaft – vom amerikanischen Gesundheitssystem bis zum Stigma, das mit Lücken im Lebenslauf verbunden ist – erschweren es außerordentlich, der Arbeit weniger Priorität einzuräumen. Nicht jeder ist in der Position, einfach weniger Stunden zu arbeiten oder ein Sabbatical zu nehmen und um die Welt zu reisen. Aber wenn Sie auch nur eines aus diesem Buch mitnehmen, hoffe ich, dass es Folgendes ist: Der Arbeit weniger Priorität zu geben, bedeutet, dem Leben mehr davon zu verleihen.

Woran es uns oft mangelt – sowohl als Individuen als auch der Gesellschaft –, ist die Fähigkeit, uns eine weniger auf Arbeit fixierte

Existenz vorzustellen. Meine Fragen an Sie, liebe Leserin und lieber Leser, lautet also: Welche kleine Veränderung können Sie zulassen, um dem Teil Ihres Selbst, der außerhalb der Arbeit existiert, mehr Priorität einzuräumen? Vielleicht verabreden Sie sich einmal die Woche mit Ihrem besten Freund oder Ihrer besten Freundin zum Spazierengehen? Vielleicht engagieren Sie sich in einer kommunalen Gruppe, in der keiner weiß, womit Sie Ihr Geld verdienen? Vielleicht beginnen Sie ein neues Hobby, ohne die Erwartung, dabei Meisterleistungen zu vollbringen. Was können Sie tun, um sich selbst daran zu erinnern, dass Ihre Existenz auf dieser Erde sich nicht nur darum dreht, ökonomischen Wert zu produzieren?

Nachdem ich den ersten Entwurf dieses Buches abgegeben und meinen Job gekündigt hatte, kauften meine Verlobte und ich Tickets, um einen Monat mit meiner Familie in Süditalien zu verbringen. Leider zahlten wir den vollen Preis für die Flugtickets. Die Idee dabei war, sich Zeit für einen Neuanfang zu nehmen, nach einer Periode intensiver Tätigkeit. Ich hatte neben einem Vollzeitjob dieses Buch geschrieben. Sie hatte während der globalen Pandemie Viertklässler unterrichtet.

Aber als wir in Italien ankamen, fiel es mir nicht leicht, abzuschalten. Schnell folgte ich wieder alten Gewohnheiten. Am Morgen checkte ich als Erstes meine E-Mails. Ich stresste mich selbst, weil ich nicht wusste, wie ich nach Ende des Sommers Geld verdienen sollte. Ich verbrachte faule Nachmittage, an denen ich meinte, ich sollte mehr *tun*.

Aber nun, nachdem wir einige Wochen hier sind, hat sich mein Körper an einen neuen zirkadianischen Rhythmus gewöhnt. Das schreibe ich der süditalienischen Sonne zu, die einen buchstäblich zwingt, langsamer zu machen, und den ausufernden Mahlzeiten, bei denen ich mit Cousins, Cousinen und Tanten noch lange am Tisch sitze, nachdem das letzte Stück Melone aufgegessen ist. Langsam lerne ich wieder, wer ich bin, wenn ich nicht konstant etwas leiste.

Dennoch ist die Tätigkeit in meinen Leben hier nicht völlig abwesend – ich nehme mir an den meisten Tagen Zeit, um zu schreiben oder zu überarbeiten –, aber es fühlt sich nicht länger wie ein Mittel an, meine Unruhe zu beseitigen. Arbeit gibt dem Leben Bedeutung, aber sie ist nicht die einzige Quelle dafür.

Heute Morgen bin ich spät aufgestanden, habe einige Zeit mit diesem Epilog verbracht, aß zu Mittag mit der Familie und machte ein Nickerchen mit meiner Partnerin. Heute Abend gehen wir in die Stadt, um etwas zu trinken. Ich werde die Augen offenhalten, ob mir nicht der Fischer über den Weg läuft.

Über den Autor

Simone Stolzoff ist Journalist und Arbeitsexperte aus San Francisco. Er war bei der globalen Innovationsfirma IDEO tätig und seine Arbeiten wurden u. a. in der *New York Times*, der *Washington Post* und dem *Wall Street Journal* veröffentlicht. Stolzoff unterstützt Führungskräfte dabei, Arbeitsplätze besser an die Bedürfnisse von Menschen anzupassen.

Danksagungen

Zuerst und vor allen anderen danke ich den neun arbeitenden Menschen, deren Profile ich hier dargestellt habe – und den vielen weiteren, mit denen ich geredet habe –, dass sie mir ihre Geschichten anvertrauten. Divya, Ryan, Fobazi, Megan, Taylor, Clarissa, Josh, Brandon und Khe, dieses Buch würde ohne euch nicht existieren.

Ich habe nie verstanden, wieso Autoren ihre Bücher als »Projekte« bezeichnen, bis ich selbst versucht habe, eines zu vollenden. Auch wenn nur ein Verfasser genannt wird, ist es ein Teamsport, ein Buch zu schreiben, und ich war mit einem Weltklasseteam gesegnet. Meine Mentorin Vauhini Vara war die Erste, die mir empfahl, ein Buch zu schreiben. Danke, dass du meinen Ehrgeiz entfacht hast. Es gibt niemanden, dessen Meinung übers Schreiben ich mehr respektiere. Danke, Merry Sun, meine blitzgescheite Lektorin, Hüterin und Freundin. Ich vertraue dir und bin stolz auf das, was wir zusammen geschaffen haben. Und danke an meinen Agenten Daniel Greenberg, dass er auf die unerwartete E-Mail eines Erstlingsautors reagierte und mir alle meine primitiven Fragen über die Verlagsindustrie beantwortete.

Mein Leben war eine Reihe lahmer Ausreden, wieso ich kein wirklicher Schriftsteller bin, also bringe ich jedem Wertschätzung entgegen, der mich vom Gegenteil überzeugt hat. Danke an Youth Speaks und das Excelano Project, die mir halfen, meine Stimme zu finden. Danke an Lorene Cary, weil Sie die ersten drei Seiten meines ersten Essays, das ich für Sie geschrieben habe, durchgestrichen und mir gesagt haben, dass ich mich »nicht ständig räuspern soll«. Danke an Janine Zacharia, weil Sie mir das Feedback gegeben haben, dass ich nicht so gut bin, und mir dann geholfen haben, besser zu werden.

Danke an dich, Jennifer Maerz, weil du mir meinen ersten Journalistenauftrag gegeben hast, und an Heather Landy, Matt Quinn und Kevin Delaney für meine erste Stelle als Journalist. Danke an Mike Isaac, dass ich dir über die Schulter blicken durfte, als du dein erstes Buch geschrieben hast, und an Bill, Andrea, Shana und alle anderen bei Lighthouse Writers Workshop, weil ihr mir gezeigt habt, dass ich auch selbst eines schreiben kann.

Danke an die vielen Denker, Autoren und Gelehrten, deren Ideen sich durch diese Seiten ziehen. Mein Dank gilt besonders Derek Thompson, Sarah Jaffe, Alain de Button, Erin Cech, Ifeoma Ozama, Jamie McCallum, Nikil Saval, C. Thi Nguyen und Agnes Callard, für ihren Einfluss auf meine Ansichten über Arbeit. Ein besonderes Dankeschön geht an Anne Helen Petersen, für deine zugespitzten Gedanken und meisterliche Führung. Dein Schaffen ist die Grundlage für einen Großteil dieses Buches und dafür, wie ich über eine gerechtere Welt denke.

Danke an all die Menschen, die dieses Buch über die Ziellinie gebracht haben. Danke an meine Kollegen bei IDEO – und besonders an Deirdre Cerminaro – die mir den Raum ließ, neben einem

Vollzeitjob an diesem Projekt zu arbeiten. Danke an meine wunderbare Fakten-Checkerin, Emily Krieger, die mir den Rücken freihielt und an den Lektor für die Fußnoten, Michael Burke, weil du so gewissenhaft warst. Und danke an das Team bei Portfolio, weil es ein solches Vergnügen war, mit euch zu arbeiten, inklusive Veronica Velasco, Jen Heuer, Adrian Zackheim und Kirstin Berndt.

Dieses Buch wäre ohne eine kleine Armee an großzügigen Freunden nicht möglich gewesen. Im ersten Monat der Pandemie stellte mir mein Freund Smiley Poswolyks mit Rhaina Cohen eine weitere aufstrebende Autorin vor. Rhaina und ich chatteten jeden Mittwoch ab April 2020, um uns gegenseitig auf dem Laufenden zu halten und dafür zu sorgen, dass wir beide mit unseren Büchern weitermachten, bis wir beide unsere fertigen Manuskripte einreichten. Diese Freundschaft war ein wahres Geschenk.

Danke an Marty, Arielle, Paul, Kendall, Shoshana, Becca, Melissa, Jeff, John, Sabrina und Lauren, weil ihr meine schlechten Kapitelentwürfe gelesen habt. Danke an Ahmed, Rachel, Ian, Jean, Edgar, Lexi, Jonah und Rose, weil ich bei euch übernachten konnte, während ich an dem Manuskript arbeitete. Danke an George, Fabian, Rachel und Becky, weil ihr mir geholfen habt, das Cover zu gestalten. Ein besonderer Dank an AJ Mapes für die elf Stunden lange Designtherapie und die Hilfe bei den Illustrationen für die Kapitel.

Danke an meine Freunde – Joe, Travis, Sam, Anna, John, Peter Pete, Rel, Kaite, Ross, Isabel und zahllose andere – für die Burritos und dass wir zusammen lachen können. Euch meine Freunde zu nennen, ist meine größte Freude im Leben. An meine Geschwister,

Sam, Mary, Katie, Nina, Sam und Anna – danke, dass ihr den Pfad durch diese Welt gemeinsam mit mir beschreitet und mir hilfreiche Ratschläge gebt, wenn ich wieder eine meiner regelmäßigen existenziellen Krisen durchlebe. Danke an meine Großmütter, Mimi Feldman und Maria Conte, weil ihr mich immer spüren lasst, geliebt zu sein.

Ich bin mit vier Elternteilen gesegnet, die mir alle eine wichtige Linse bieten, durch die ich die Welt betrachte. Danke an Teresa Pantaleo, weil du meine Liebe zum Lesen teilst; an Gary Stolzoff, weil du so gerne zuhörst; an Suzi Alexander, weil du Sprache liebst, und an Randall Kline für deine Liebe zur Kunst. Danke, dass ihr mir gezeigt habt, was es bedeutet zu leben, und weil ihr stets meine besten Cheerleader wart.

Und zu guter Letzt, meine geliebte Katy. Danke, dass du mir den Raum gegeben hast, um zu schreiben, dass du jeden meiner Entwürfe gelesen und mit mir all das Auf und Ab auf dem Weg durchlebt hast. Danke, dass du meine wichtigste Lektorin, Muse und meine Partnerin bist. Ich kann mich so glücklich schätzen, dass wir unseren Lebensweg gemeinsam gehen. Te quiero mucho.

Quellenverzeichnis

1 Lao Tsu Laozi, Jane English und Giafu Feng, *Tao Te Ching*, Übers. Giafu Feng und Jane English (New York: Vintage Books, 1972), 32.

EINLEITUNG

2 Heinrich Böll und Leila Vennewitz, »Anecdote Concerning the Lowering of Productivity«, *The Stories of Heinrich Boll* (Evanston, IL: Northwestern University Press, 1995), 628–630.

3 Patrick Van Kessel und Laura Silver, »Where Americans Find Meaning in Life Has Changed over the Past Four Years«, Pew Research Center, 18. November 2021, https://www.pewresearch.org/short-reads/2021/11/18/where-americans-find-meaning-in-life-has-changed-over-the-past-four-years/.

4 Travis Mitchell, »Where Americans Find Meaning in Life«, Pew Research Center's Religion & Public Life Project, 20. November 2018, https://www.pewresearch.org/religion/2018/11/20/where-americans-find-meaning-in-life/.

5 Juliana Menasce Horowitz und Nikki Graf, »Most U.S. Teens See Anxiety and Depression as a Major Problem Among Their Peers«, Pew Research Center's Social & Demographic Trends Project, 20. Februar 2019, https://www.pewresearch.org/social-trends/2019/02/20/most-u-s-teens-see-anxiety-and-depression-as-a-major-problem-among-their-peers/.

6 Robert Hauhart, »Exporting the American Dream: Global Implications«, *International Journal of the Humanities*, Nr. 9 (2011): 1–11.

7 Derek Thompson, »Workism Is Making Americans Miserable«, *The Atlantic*, 24. Februar 2019, https://www.theatlantic.com/ideas/archive/2019/02/religion-workism-making-americans-miserable/583441/.

8 The School of Life Library, *A Job to Love: A Practical Guide to Finding Fulfilling Work by Better Understanding Yourself* (London: The School of Life, 2018), 9.

9 Thompson, »Workism«.

10 Laura Silver, Patrick van Kessel, Christine Huang, Laura Clancy und Sneha Gubbala, »What Makes Life Meaningful? Views from 17 Advanced Economies«, Pew

Research Center's Global Attitudes Project, 18. November 2021, https://www.pewresearch.org/global/2021/11/18/what-makes-life-meaningful-views-from-17-advanced-economies/.

11 John Maynard Keynes, »Economic Possibilities for Our Grandchildren«, in *Essays in Persuasion* (New York: W. W. Norton & Co., 1963), 358–373, http://www.econ.yale.edu/smith/econ116a/keynes1.pdf.

12 David Zahl, *Seculosity: How Career, Parenting, Technology, Food, Politics, and Romance Became Our New Religion and What to Do About It* (Minneapolis: Fortress Press, 2019), 87.

13 Charlie Giattino, Esteban Ortiz-Ospina und Max Roser, »Working Hours«, OurWorldinData.org, 2020, https://ourworldindata.org/working-hours.

14 »Hours Worked«, OECD Data, 2021, https://data.oecd.org/emp/hours-worked.htm.

15 Jill Lepore, »What's Wrong with the Way We Work«, *The New Yorker*, 18. Januar 2021, https://www.newyorker.com/magazine/2021/01/18/whats-wrong-with-the-way-we-work.

16 Sarah Jaffe, *Work Won't Love You Back: How Devotion to Our Jobs Keeps Us Exploited, Exhausted, and Alone* (London: Hurst, 2021), 12.

17 Jamie K. McCallum, *Worked Over: How Round-the-Clock Work Is Killing the American Dream* (New York: Basic Books, 2020), 131.

18 Robert J. Vallerand, Frederick L. Philippe, Julie Charest und Yvan Paquet, »On the Role of Passion for Work in Burnout: A Process Model«, *Journal of Personality* 78(1) (Februar 2010): 289–312.

19 Lyman Stone, Laurie DeRose und W. Bradford Wilcox, »How to Fix the Baby Bust«, *Foreign Policy*, 25. Juli 2019, https://foreignpolicy.com/2019/07/25/how-to-fix-the-baby-bust/.

20 Jean M. Twenge, »Time Period and Birth Cohort Differences in Depressive Symptoms in the U.S., 1982–2013«, *Social Indicators Research* 121(2) (April 2014).

21 Christine Ro, »How Overwork Is Literally Killing Us«, BBC Worklife, 19. Mai 2021, https://www.bbc.com/worklife/article/20210518-how-overwork-is-literally-killing-us.

22 Annie Dillard, *The Writing Life* (New York: HarperCollins, 2009), 33.

23 Esther Perel, »How Many of You Often Find Yourselves Bringing the Best of You to Work, and the Leftovers Home?«, *Out in the Open*, CBC Radio, 2018, https://www.cbc.ca/player/play/1443267139554.

24 Studs Terkel, *Working: People Talk About What They Do All Day and How They Feel About What They Do* (New York: New Press, 2011), 1.

25 Brené Brown, *The Gifts of Imperfection* (Center City, MN: Hazelden, 2010), 110.

26 P. W. Linville, »Self-Complexity as a Cognitive Buffer Against Stress-Related Illness and Depression«, *Journal of Personality and Social Psychology* 52(4) (April 1987): 663–676, https://pubmed.ncbi.nlm.nih.gov/3572732.

27 »Junior Seau's Death Ruled a Suicide«, ESPN.com, 3. Mai 2012, https://www.espn.com/nfl/story/_/id/7888037/san-diego-county-medical-examiner-office-rules-junior-seau-death-suicide.

28 Kevin J. Eschleman, Jamie Madsen, Gene Alarcon und Alex Barelka, »Benefiting from Creative Activity: The Positive Relationships between Creative Activity, Recovery Experiences, and Performance- Related Outcomes«, *Journal of Occupational and Organizational Psychology* 87(3) (September 2014): 579–698, https://bpspsychub.onlinelibrary.wiley.com/doi/abs/10.1111/joop.12064.

Kapitel 2. DIE RELIGION DES WORKISM

29 David Foster Wallace, »This Is Water«, Rede vor dem Abschlussjahrgang des Kenyon College, 2005, https://youtu.be/DCbGM4mqEVw?si=M0GABGdELpFmtdMT.

30 Ryan P. Burge, *The Nones: Where They Came From, Who They Are, and Where They Are Going* (Minneapolis: Fortress Press, 2021), 82.

31 Burge, *The Nones*, 2.

32 Burge, *The Nones*, 134.

33 Hannah Arendt, *The Human Condition*, 2. Aufl. (Chicago: University of Chicago Press, 1998), 82.

34 The School of Life, https://www.the schooloflife.com/article-hemes/meaning.

35 Max Weber, *The Protestant Ethic and the › Spirit‹ of Capitalism, and Other Writings* ([1905]; New York: Penguin Books, 2002).

36 J. Matthew Wilson, Hrsg., *From Pews to Polling Places: Faith and Politics in the American Religious Mosaic* (Washington, DC: Georgetown University Press, 2007), 141.

37 Joel Osteen, »Have a Spirit of Excellence«, *Joel Osteen Podcast*, 17. November 2020, https://www.happyscribe.com/public/joel-osteen-podcast/have-a-spirit-of-excellence-joel-osteen.

38 Joel Osteen, *Your Best Life Now: 7 Steps to Living at Your Full Potential* (New York, Boston and Nashville: Faith Words [Kindle Ausg.], 2014), 21.

39 Analyse der Daten des General Social Survey durch Ryan P. Burge, Eastern Illinois University, 2021.

40 https://www.reddit.com/r/atheism.

41 https://www.reddit.com/r/Christianity.

42 Clyde Haberman, »Religion and Right-Wing Politics: How Evangelicals Reshaped Elections«, *The New York Times*, 28. Oktober 2018, https://www.nytimes.com/2018/10/28/us/religion-politics-evangelicals.html.

43 Randall E. King, »When Worlds Collide: Politics, Religion, and Media at the 1970 East Tennessee Billy Graham Crusade«, *Journal of Church and State*, 22. März 1997.

44 Ryan Burge, Twitter, 14. Juli 2022, https://twitter.com/ryanburge/status/1547611343598981122?s=20&t=fyy7Dl_bcPRDx2HtXVLOaQ.

45 Robert D. Putnam, *Bowling Alone: The Collapse and Revival of American Community* (New York: Simon & Schuster, 2000), 66.

46 Will Tanner, Fjolla Krasniqi und James Blagden, *Age of Alienation: The Collapse of Community and Belonging Among Young People, and How We Should Respond* (United Kingdom: Onward, 2021), https://www.ukonward.com/wp-content/uploads/2021/09/Age-of-Alienation-Onward.pdf.

47 Derek Thompson, »Workism Is Making Americans Miserable«, *The Atlantic*, 24. Februar 2019, https://www.theatlantic.com/ideas/archive/2019/02/religion-workism-making-americans-miserable/583441.

48 Wallace, »This Is Water«.

49 Amy Wrzesniewski, Nicholas LoBuglio, Jane Dutton und Justin Berg, »Job Crafting and Cultivating Positive Meaning and Identity in Work«, in *Advances in Positive Organizational Psychology*, Hrsg. A. B. Bakker (Bingley, UK: Emerald Group Publishing Limited, 2013), 281–302.

50 R. M. Ryan und E. L. Deci, »Self-Determination Theory and the Facilitation of Intrinsic Motivation, Social Development, and Well-Being«, *American Psychologist* 55 (2000): 68–78.

Kapitel 3. DIE LIEBE ZUR ARBEIT

51 Casey Hamilton, »Work Is for Jerks«, TikTok, https://www.tiktok.com/@mrhamilton/video/6847892192422382853.

52 Paul Vitello, »Richard Bolles Dies at 90; Wrote ›What Color Is Your Parachute?‹«, *The New York Times*, 1. April 2017, https://www.nytimes.com/2017/04/01/business/richard-bolles-dead-what-color-is-your-parachute.html.

53 Richard N. Bolles, *What Color Is Your Parachute? 2020: A Practical Manual for Job-Hunters and Career-Changers* (California and New York: Ten Speed Press, 2019), 267.

54 Cal Newport, *So Good They Can't Ignore You: Why Skills Trump Passion in the Quest for Work You Love* (New York and Boston: Business Plus, 2012).

55 Google Books Ngram Viewer, »dream job«, https://books.google.com/ngrams/graph?content=dream+job&year_start=1920&year_end=2019&corpus=26&smoothing=3.

56 Derek Thompson, »Workism Is Making Americans Miserable«, *The Atlantic*, 24. Februar 2019, https://www.theatlantic.com/ideas/archive/2019/02/religion-workism-making-americans-miserable/583441.

57 Steve Jobs, Rede vor Absolventen, Stanford University, 12. June 2005, https://news.stanford.edu/2005/06/12/youve-got-find-love-jobs-says/.

58 Adam J. Kurtz, Work/Life Balance Print, https://adamjk.com/products/do-what-you-love-print.

59 *The Library Quarterly: Information, Community, Policy* 1(1) (Chicago: University of Chicago Press, Januar 2001): 1–27.

60 U.S. Bureau of Labor Statistics, Occupational Outlook Handbook, 2021, https://www.bls.gov/ooh/education-training-and-library/librarians.htm.

61 AFL-CIO Department for Professional Employees, »Library Professionals: Facts & Figures, 2021 Fact Sheet«, https://www.dpeaflcio.org/factsheets/library-professionals-facts-and-figures.

62 Google Books Ngram Viewer, »meaningful work«, https://books.google.com/ngrams/graph?content=meaningful+work&year_start=1800&year_end=2019&corpus=26&smoothing=3&direct_url=t1%3B%2Cmeaningful%20work%3B%2Cc0#; längere Version der Grafik in Jamie K. McCallum, *Worked Over: How Round-The-Clock Work Is Killing the American Dream* (New York: Basic Books, 2020).

63 »Wage Chronology: Ford Motor Company, June 1941 to September 1973«, *Bulletin of the United States Bureau of Labor Statistics*, No. 1787 (1973), https://fraser.stlouisfed.org/title/wage-chronology-ford-motor-company-june-1941-september-1973-4882/wage-chronology-ford-motor-company-june-1941-september-1973-499659/fulltext.

64 Drew DeSilver, »For Most U.S. Workers, Real Wages Have Barely Budged in Decades«, Pew Research Center, 7. August 2018, https://www.pewresearch.org/short-reads/2018/08/07/for-most-us-workers-real-wages-have-barely-budged-for-decades/.

65 »America's Changing Work Ethic«, CQ Researcher, 14. Dezember 1979, https://library.cqpress.com/cqresearcher/document.php?id=cqresrre1979121400.

66 Robin Kaiser-Schatzlein, »Why Your Boss Wants You to Love Your Job«, *The Nation*, 9. September 2020, https://www.thenation.com/article/culture/jamie-mccallum-worked-over-review/.

67 Shawn Achor, Andrew Reece, Gabriella Rosen Fischerman und Alexi Robichaux, »9 Out of 10 People Are Willing to Earn Less Money to Do More-Meaningful Work«, *Harvard Business Review*, 6. November 2018, https://hbr.org/2018/11/9outof10people-are-willingtoearn-less-moneytodomore-meaningful-work.

68 Sarah Jaffe, *Work Won't Love You Back: How Devotion to Our Jobs Keeps Us Exploited, Exhausted, and Alone* (London: Hurst, 2021), 2.

69 Fobazi Ettarh, »Vocational Awe and Librarianship: The Lies We Tell Ourselves«, *In the Library with the Lead Pipe*, 10. Januar 2018, https://www.inthelibrarywiththeleadpipe.org/2018/vocational-awe.

70 »Zookeeper Salary in the United States«, Indeed, https://www.indeed.com/career/zookeeper/salaries.

71 J. S. Bunderson und J. A. Thompson, »The Call of the Wild: Zookeepers, Callings, and the Double- Edged Sword of Deeply Meaningful Work«, *Administrative Science Quarterly* 54(1) (2009): 32–57.

72 Anne Helen Petersen, *Can't Even: How Millennials Became the Burnout Generation* (Boston and New York: Mariner Books, 2021), 68.

73 Jill Lepore, »What's Wrong with the Way We Work«, *New Yorker*, 18. Januar 2021, https://www.newyorker.com/magazine/2021/01/18/whats-wrong-with-the-way-we-work.

74 Rachel Abrams, »On Wall Street, a Generation Gap on Work-Life Issues«, *The New York Times*, 15. Januar 2014, https://archive.nytimes.com/dealbook.nytimes.com/2014/01/15/wall-street-work-habits-show-generation-gap/.

75 »Median Earnings for Women in 2021 Were 83.1 Percent of the Median for Men«, TED: The Economics Daily, U.S. Bureau of Labor Statistics, 24. Januar 2022, https://www.bls.gov/opub/ted/2022/median-earnings-for-women-in-2021-were-83-1-percent-of-the-median-for-men.htm.

76 Brandie Temple und Jasmine Tucker, »Workplace Justice: Equal Pay for Black Women«, National Women's Law Center Fact Sheet, Juli 2017, https://nwlc.org/wp-content/uploads/2017/07/Equal-Pay-for-Black-Women.pdf.

77 Petersen, *Can't Even*, 69.

78 Amy Dieg, Twitter, 18. März 2020, https://twitter.com/amydieg/status/1240410269970563072.

79 Ashley Balcerzak, »NJ Coronavirus: Murphy Closes Nonessential Retail Businesses, Tells Residents to Stay Home«, NorthJersey.com, 21. März 2020, https://eu.northjersey.com/story/news/coronavirus/2020/03/21/coronavirus-nj-shutdown-murphy-closes-nonessential-businesses/2884153001/.

Kapitel 4. SICH SELBST VERLIEREN

80 »7 Questions 75 Artists 1 Very Bad Year«, *The New York Times*, 10. März 2021, https://www.nytimes.com/interactive/2021/03/10/arts/artists-coronavirus-lockdown.html.

81 Matthew Yi, »Young Berkeley Journalists Broke Landlord Story Early«, SFGate, 21. Januar 2000, https://www.sfgate.com/news/article/young-berkeley-journalists-broke-landlord-story-3270219.php.

82 *Longform* Podcast Nr. 302: Megan Greenwell, 1:06, https://longform.org/player/longform-podcast-302-megan-greenwell.

83 *Longform* Podcast Nr. 302: Megan Greenwell.

84 Laura Wagner, »This Is How Things Work Now at G/ O Media«, *Deadspin*, 2. August 2019, https://deadspin.com/thisishow-things-work-nowatgomedia-1836908201.

85 Megan Greenwell, »The Adults in the Room«, *Deadspin*, 23. August 2019, https://deadspin.com/the-adultsinthe-room-1837487584.

86 Erik H. Erikson, *Childhood and Society* (New York: W. W. Norton and Company, 1993 [1950]), 42.

87 Arthur C. Brooks, »Why So Many People Are Unhappy in Retirement«, *Atlantic*, 7. Mai 2020, https://www.theatlantic.com/family/archive/2020/05/what-the-heros-journey-teaches-about-happy-retirement/611194.

88 Karl Marx, »Estranged Labour«, in *Economic and Philosophical Manuscripts of 1844*, https://www.marxists.org/archive/marx/works/1844/manuscripts/labour.htm.

89 Vivek Murthy, »Work and the Loneliness Epidemic«, *Harvard Business Review*, 26. September 2017, https://hbr.org/2017/09/work-and-the-loneliness-epidemic.

90 Irina V. Popova-Nowak, »Work Identity and Work Engagement«, Arbeitspapier, George Washington University, 2010, https://www.ufhrd.co.uk/wordpress/wpcontent/uploads/2010/08/9_ 5.pdf.

91 »Optimizing Space Itself with WeWork's Adam Neumann, Disrupt NY 2017«, https://www.youtube.com/watch?v=-EKOV71m-PY&pp=ygU0T3B0aW1pemluZyBTcGFjZSBJdHN1bGYgd210aCBXZVdvcmvigJlzIEFkYW0gTmV1bWFubg%3D%3D.

92 Abraham Joshua Heschel, *The Sabbath* (New York: FSG Classics, 2005), xiii.

93 *Alcoholics Anonymous: The Story of How Many Thousands of Men and Women Have Recovered from Alcoholism*, 3. überarb. Ausg. (New York: Alcoholics Anonymous World Services, Inc., 1976).

Kapitel 5. ARBEITSBEZIEHUNGEN

94 »Weekly Labor Quote—Thomas Donahue«, NC State AFL-CIO, 17. April 2008, https://aflcionc.org/quote-donahue-thomas.

95 Stuart Dredge, »Kickstarter on Public Good over Private Riches: ›Don't Sell Out Your Values‹«, *Guardian*, 3. November 2015, https://www.theguardian.com/technology/2015/nov/03/kickstarter-chooses-public-good-over-private-riches.

96 Yancey Strickler, Perry Chen, and Charles Adler, »Kickstarter Is Now a Benefit Corporation«, *The Kickstarter Blog*, 21. September 2015, https://www.kickstarter.com/blog/kickstarterisnowabenefit-corporation.

97 ustwo Kulturmanifest, https://assets.ctfassets.net/gw5wr8vzz44g/55QKJCqQTuqgWc4ocuIYmC/077ef0db4e38ca19651ae26264f041ea/ustwo-manifesto.pdf.

98 Jody Kohner, »The Real Meaning Behind ›Salesforce Community‹«, *The 360 Blog*, 6. Februar 2017, https://www.salesforce.com/blog/what-is-salesforce-ohana.

99 Tom Rath und Jim Harter, »Your Friends and Your Social Well-Being«, *Gallup Business Journal*, 19. August 2010, https://news.gallup.com/businessjournal/127043/friends-social-wellbeing.aspx.

100 Emma Seppälä und Marissa King, »Having Work Friends Can Be Tricky but It's Worth It«, *Harvard Business Review*, 8. August 2017, https://hbr.org/2017/08/having-work-friends-can-be-tricky-but-its-worth-it.

101 Gabriella Rosen Kellerman und Andrew Reece, »The Value of Belonging at Work: Investing in Workplace Inclusion«, BetterUp, https://grow.betterup.com/resources/the-value-of-belonging-at-work-the-business-case-for-investing-in-workplace-inclusion-event.

102 Julianna Pillemer und Nancy P. Rothbard, »Friends without Benefits: Understanding the Dark Sides of Workplace Friendship«, *The Academy of Management Review* 43(4) (Februar 2018).

103 Saera R. Khan und Lauren C. Howe, »Concern for the Transgressor's Consequences: An Explanation for Why Wrongdoing Remains Unreported«, *Journal of Business Ethics* 173 (2021): 325–344.

104 Davey Alba, »In the Beginning Was the Founder«, *BuzzFeed News*, 17. April 2018, https://www.buzzfeednews.com/article/daveyalba/kickstarter-perry-chen-founder-worship-turmoil.

105 *Always Punch Nazis*, Kickstarter, https://www.kickstarter.com/projects/pilotstudios/always-punch-nazis.

106 Charlie Nash, »Kickstarter Ignores Terms of Service with ›Always Punch Nazis‹ Project«, *Breitbart*, 10. August 2018, https://www.breitbart.com/tech/2018/08/10/kickstarter-ignores-terms-of-service-with-always-punch-nazis-project/.

107 »Kickstarter Union Oral History, Chapter 2: Catalyst«, Engelberg Center, NYU Law, https://eclive.engelberg.center/episodes/chapter-2-catalyst.

108 »Kickstarter Union Oral History, Chapter 2: Catalyst.«

109 »Union Members Summary«, U.S. Bureau of Labor Statistics Economic News Release, 20. Januar 2022, https://www.bls.gov/news.release/union2.nr0.htm.

110 »Kickstarter Union Oral History, Chapter 3: Solidarity«, Engelberg Center, NYU Law, https://eclive.engelberg.center/episodes/chapter-3-solidarity.

111 Bryce Covert, »How Kickstarter Employees Formed a Union«, *Wired*, 27. Mai 2020, https://www.wired.com/story/how-kickstarter-employees-formed-union.

112 Bryan Menegus, »Leaked Memo Shows Kickstarter Senior Staffers Are Pushing Back Against Colleagues' Union Efforts«, *Gizmodo*, 21. März 2019, https://gizmodo.com/leaked-memo-shows-kickstarter-senior-staffers-are-pushi-1833470597.

113 Bijan Stephen, »Kickstarter Will Not Voluntarily Recognize Its Employee Union«, *The Verge*, 15. Mai 2019, https://www.theverge.com/2019/5/15/18627052/kickstarter-union-nlrb-election.

114 Clarissa Redwine, Twitter, 12. September 2019, https://twitter.com/clarissaredwine/status/1172167251623124997.

115 OPEIU Webmaster, »Kickstarter United Wins Historic First Contract«, Office & Professional Employees International Union (OPEIU), 17. Juni 2022, https://www.opeiu.org/Home/NewsandMedia/TabId/2838/ArtMID/4815/ArticleID/2670/Kickstarter-United-Wins-Historic-First-Contract.aspx.

Kapitel 6: ÜBERSTUNDEN

116 Charles Yu, *How to Live Safely in a Science Fictional Universe* (New York: Pantheon, 2010), 18.

117 Alan W. Ewert und Jim Sibthorp, *Outdoor Adventure Education: Foundations, Theory, and Research* (Champaign, IL: Human Kinetics, 2014), 21.

118 Richard Kraus, *Recreation & Leisure in Modern Society* (USA: Jones and Bartlett, 1998), 38.

119 Gene Bammel und Lei Lane Burrus-Bammel, *Leisure and Human Behavior* (Dubuque, IA: William C. Brown, 1992).

120 »Hours Worked«, OECD Data (2021), https://data.oecd.org/emp/hours-worked.htm.

121 Charlie Giattino, Esteban Ortiz-Ospina und Max Roser, »Working Hours«, überarb. 2020, Our World in Data, https://ourworldindata.org/working-hours.

122 Derek Thompson, »The Free-Time Paradox in America«, *The Atlantic*, 13. September 2016, https://www.theatlantic.com/business/archive/2016/09/the-free-time-paradox-in-america/499826/.

123 Ellen Scott, »People Are Not Pleased with Fiverr's Deeply Depressing Advert«, *Metro 50*, 10. März 2017, https://metro.co.uk/2017/03/10/people-are-not-pleased-with-fiverrs-deeply-depressing-advert-6500359/.

124 Valerie Wilson und Janelle Jones, »Working Harder or Finding It Harder to Work«, Economic Policy Institute, 22. Februar 2018, https://www.epi.org/publication/trendsinwork-hours-and-labor-market-disconnection.

125 »Gig Economy 2021«, PwC Legal, 2021, https://www.pwclegal.be/en/FY21/gig-economy-report-v3-2021.pdf.

126 James R. Wright, Jr. und Norman S. Schachar, »Necessity Is the Mother of Invention: William Stewart Halsted's Addiction and Its Influence on the Development of Residency Training in North America«, *Canadian Journal of Surgery* 63(1) (Februar 2020): E13–18, https://www.ncbi.nlm.nih.gov/pmc/articles/PMC7828946.

127 Jill Lepore, »Not So Fast: Scientific Management Started as a Way to Work. How Did It Become a Way of Life?«, *New Yorker*, 12. Oktober 2009, https://www.newyorker.com/magazine/2009/10/12/notsofast.

128 Bruno Dubuc, »The Organization of Manual Labour«, *The Brain from Top to Bottom*, n.d., https://thebrain.mcgill.ca/flash/i/i_06/i_06_s/i_06_s_mou/i_06_s_mou.html.

129 Jodi Kantor und Arya Sundaram, »The Rise of the Worker Productivity Score«, *The New York Times*, 14. August 2022, https://www.nytimes.com/interactive/2022/08/14/business/worker-productivity-tracking.html.

130 Kantor und Sundaram, »The Rise of the Worker Productivity Score«.

131 Rebecca J. Compton, Dylan Gearinger und Hannah Wild, »The Wandering Mind Oscillates: EEG Alpha Power Is Enhanced during Moments of Mind-Wandering«, *Cognitive, Affective, & Behavioral Neuroscience* 19 (2019): 1184–1191, https://link.springer.com/article/10.3758/s13415-019-00745-9.

132 Ruth Ann Atchley, David L. Strayer und Paul Atchley, »Creativity in the Wild: Improving Creative Reasoning Through Immersion in Natural Settings«, *PLoS One* 7(12) (2012): e51474, https://journals.plos.org/plosone/article?id=10.1371/journal.pone.0051474.

133 Elsie Chen, »These Chinese Millennials Are ›Chilling‹ and Beijing Isn't Happy«, *The New York Times*, 3. Juli 2021, https://www.nytimes.com/2021/07/03/world/asia/china-slackers-tangping.html.

134 John Pencavel, »The Productivity of Working Hours«, *The Economic Journal* 125, Nr. 589 (2015): 2052–2076, http://www.jstor.org/stable/24738007.

135 Gudmundur D. Haraldsson und Jack Kellam, »Going Public: Iceland's Journey to a Shorter Working Week«, Autonomy, 4. Juli 2021, https://autonomy.work/portfolio/icelandsww.

136 Haraldsson und Kellam, »Going Public«.

Kapitel 7. ARBEITE HART, GEHE NACH HAUSE

137 Rob Harris, *London's Global Office Economy: From Clerical Factory to Digital Hub* (United Kingdom: CRC Press, 2021), 278.

138 Neil Postman, *Amusing Ourselves to Death: Public Discourse in the Age of Show Business* (New York: Penguin Books, 2005), xix.

139 Nikil Saval, *Cubed: The Secret History of the Workplace* (New York: Anchor Books, 2014), 68.

140 Karen Ho, *Liquidated: An Ethnography of Wall Street* (Durham, NC: Duke University Press, 2009), 90.

141 Cal Newport, *A World without Email: Reimagining Work in an Age of Communication Overload* (New York: Portfolio, 2021), 12.

142 »Integrators and Segmentors: Managing Remote Workers«, Knowledge at Wharton, 31. August 2020, https://knowledge.wharton.upenn.edu/article/integrators-segmentors-managing-remote-workers.

143 Adam Grant, »When Work Takes Over Your Life«, *WorkLife with Adam Grant*, TED podcast, https://www.ted.com/talks/worklife_with_adam_grant_when_work_takes_over_your_life.

144 »The Art of Not Buying Things«, *Thoughts from Inside the Box*, 9. Juli 2016, https://frominsidethebox.com/post/the-art-of-not-buying-things/5718532058775552.

145 »Striking a Balance«, *Thoughts from Inside the Box*, 3. Oktober 2015, https://frominsidethebox.com/view?key=5768755258851328.

146 Evan DeFilippis, Stephen Michael Impink, Madison Singell, Jeffrey T. Polzer und Raffaella Sadun, »Collaborating during Coronavirus: The Impact of COVID19 on the Nature of Work«, National Bureau of Economic Research, Arbeitspapier 27612, Juli 2020, https://www.nber.org/system/files/working_papers/w27612/w27612.pdf.

147 Claire Cain Miller, »Do Chance Meetings at the Office Boost Innovation? There's No Evidence of It«, *The New York Times*, 23. Juni 2021, https://www.nytimes.com/2021/06/23/upshot/remote-work-innovation-office.html.

148 Ethan S. Bernstein und Stephen Turban, »The Impact of the ›Open‹ Workspace on Human Collaboration«, *Philosophical Transactions of the Royal Society B*, 2. Juli 2018, https://royalsocietypublishing.org/doi/10.1098/rstb.2017.0239.

149 Anne Helen Petersen, *Can't Even: How Millennials Became the Burnout Generation* (New York: Houghton Mifflin Harcourt, 2020), 129.

150 »A Fighter Jet and Friends in Congress: How Google Got Access to a NASA Airfield«, Tech Transparency Project, 9. September 2020, https://www.techtransparencyproject.org/articles/fighter-jet-and-friends-congress-how-google-got-access-nasa-airfield.

Kapitel 8. DAS STATUSSPIEL

151 Warren Buffett, Terry Leadership Speaker Series, Terry College of Business at the University of Georgia, 18. Juli 2001, YouTube, https://www.youtube.com/watch?v=2a9Lx9J8uSs.

152 »Success Index«, Populace/Gallup, 2019, https://static1.squarespace.com/static/59153bc0e6f2e109b2a85cbc/t/5d939cc86670c5214abe4b50/1569955251457/Populace+Success+Index.pdf.

153 David Brooks, »The Moral Bucket List«, *The New York Times*, 11. April 2015, https://www.nytimes.com/2015/04/12/opinion/sunday/david-brooks-the-moral-bucket-list.html.

[154] Paola Zaninotto, et al., »Socioeconomic Inequalities in Disability-free Life Expectancy in Older People from England and the United States: A Cross-national Population-Based Study«, *The Journals of Gerontology, Series A* 75(5) (Mai 2020): 906–913, https://academic.oup.com/biomedgerontology/article/75/5/906/5698372.

[155] Loretta Graziano Breuning, *Status Games: Why We Play and How to Stop* (Lanham, MD: Rowman & Littlefield, 2021), ix.

[156] C. Thi Nguyen, »Gamification and Value Capture«, Kap. 9 in *Games: Agency as Art* (New York: Oxford Academic, 2020), Online-Ausg., https://doi.org/10.1093/oso/9780190052089.003.0009.

[157] Wendy Nelson Espeland und Michael Sauder, *Engines of Anxiety: Academic Rankings, Reputation, and Accountability* (New York: Russell Sage Foundation, 2016).

[158] Mark R. Lepper, David Greene und Richard E. Nisbett, »Undermining Children's Intrinsic Interest with Extrinsic Reward: A Test of the ›Overjustification‹ Hypothesis«, *Journal of Personality and Social Psychology* 28(1) (1973): 129–137, https://psycnet.apa.org/record/1974-10497-001.

[159] Daniel H. Pink, *Drive: The Surprising Truth about What Motivates Us* (New York: Riverhead Books, 2011), 36.

[160] Grant Edward Donnelly, Tianyi Zheng, Emily Haisley und Michael I. Norton, »The Amount and Source of Millionaires' Wealth (Moderately) Predicts Their Happiness«, *Personality and Social Psychology Bulletin* 44(5) (Mai 2018): 684–699, https://www.hbs.edu/faculty/Pages/item.aspx?num=53540.

[161] Zach Lowe, »Why the Collapse of the Warriors Feels So Abrupt«, ESPN.com, 2. Juli 2019, https://www.espn.com/nba/story/_/id/27100698/why-collapse-warriors-feels-abrupt.

[162] Karen Crouse, »Seeking Answers, Michael Phelps Finds Himself«, *The New York Times*, 24. Juni 2016, https://www.nytimes.com/2016/06/26/sports/olympics/michael-phelps-swimming-rehab.html.

[163] Nguyen, »Gamification and Value Capture«.

[164] »Supercharge Your Productivity«, *RadReads*, https://radreads.co/courses.

Kapitel 9. EINE WELT MIT WENIGER ARBEIT

[165] »We Are All Burnt Out«, *The Cut Podcast*, 1. September 2021, https://www.thecut.com/2021/09/the-cut-podcast-we-are-all-burned-out.html.

[166] James Clear, *Atomic Habits: Tiny Changes, Remarkable Results: An Easy & Proven Way to Build Good Habits & Break Bad Ones* (New York: Avery, 2018), 33.

[167] Anne Helen Petersen, »Just Because Your Early Career Was Hell Doesn't Mean Others' Has to Be«, *Culture Study*, 1. Juni 2021, https://annehelen.substack.com/p/just-because-your-early-career-was.

168 Luc Pansu, »Evaluation of ›Right to Disconnect‹ Legislation and Its Impact on Employee's Productivity«, *International Journal of Management and Applied Research* 5(3) (2018): 99–119, https://www.ijmar.org/v5n3/18-008.html.

169 »Japan Offers Most Paid Leave for Fathers in World, but Few Take It«, *Kyodo News*, 13. Juni 2019, https://english.kyodonews.net/news/2019/06/78563c3875f3-japan-offers-most-paid-leave-for-fathers-in-world-but-few-take-it.html.

170 Dana White, Twitter Status, 6. September 2020, https://twitter.com/itsdanawhite/status/1302708081437089792.

171 Anna Helhoski, »How Many Americans Have Student Loan Debt?«, NerdWallet, 20. Mai 2021, https://www.nerdwallet.com/article/loans/student-loans/how-many-americans-have-student-loan-debt.

172 Chuck Marr, Chye-Ching Huang, Arloc Sherman und Brandon Debot, »EITC and Child Tax Credit Promote Work, Reduce Poverty, and Support Children's Development, Research Finds«, Center on Budget and Policy Priorities, 1. Oktober 2015, https://www.cbpp.org/research/eitc-and-child-tax-credit-promote-work-reduce-poverty-and-support-childrens-development.

173 Emma Wager, Jared Ortaliza und Cynthia Cox, »How Does Health Spending in the U.S. Compare to Other Countries?«, Peterson- FF Health System Tracker, 21. Januar 2022, https://www.healthsystemtracker.org/chart-collection/health-spending-u-s-compare-countries-2/.

174 https://www.stocktondemonstration.org.

175 »Participant Story: Zohna«, https://www.stocktondemonstration.org/participant-stories/zohna.

176 https://www.stocktondemonstration.org.

177 Kim Parker und Juliana Menasce Horowitz, »Majority of Workers Who Quit a Job in 2021 Cite Low Pay, No Opportunities for Advancement, Feeling Disrespected«, Pew Research Center, 9. März 2022, https://www.pewresearch.org/fact-tank/2022/03/09/majority-of-workers-who-quit-a-job-in-2021-cite-low-pay-no-opportunities-for-advancement-feeling-disrespected.

178 Lucia Mutikani, »U.S. Labor Market Very Tight, Job Openings Near Record High in January«, Reuters, 9. März 2022, https://www.reuters.com/world/us/us-job-openings-slip-january-still-close-record-highs-2022-03-09.

179 Andrea Petersen, »Metaphor of Corporate Display: ›You Work‹ and Then You Die«, *Wall Street Journal*, 8. November 1996, https://www.wsj.com/articles/SB847408435479148500.

180 »SHRM Survey: Nearly Half of U.S. Workers Feel Mentally, Physically Exhausted by End of Workday«, Presseerklärung, SHRM, 4. Mai 2021, https://www.shrm.org/about-shrm/press-room/press-releases/pages/nearly-half-of-us-workers-feel-mentally-physically-exhausted-by-end-of-workday.aspx.

181 Jim Harter, »U.S. Employee Engagement Data Hold Steady in First Half of 2021«, Gallup Workplace, 29. Juli 2021, https://www.gallup.com/workplace/352949/employee-engagement-holds-steady-first-half-2021.aspx.

182 Aaron De Smet, Bonnie Dowling, Bryan Hancock und Bill Schaninger, »The Great Attrition Is Making Hiring Harder. Are You Searching the Right Talent Pools?«, *McKinsey Quarterly*, 13. Juli 2022, https://www.mckinsey.com/capabilities/people-and-organizational-performance/our-insights/the-great-attrition-is-making-hiring-harder-are-you-searching-the-right-talent-pools.

183 Mutikani, »U.S. Labor Market Very Tight, Job Openings Near Record High in January«.

184 Eric Garton, »Employee Burnout Is a Problem with the Company, Not the Person«, *Harvard Business Review*, 6. April 2017, https://hbr.org/2017/04/employee-burnout-is-a-problem-with-the-company-not-the-person.

185 Cameron, Albert-Deitch, »Hard Lessons and Simple Routines Helped These Founders Beat the Stress of 2020«, *Inc.*, November 2020, https://www.inc.com/magazine/202011/cameron-albert-deitch/front-mathilde-collin-laurent-perrin-cancer-depression-crisis.html.

186 Mathilde Collin, »How I Took a Week Off Work and Completely Disconnected«, *Front Page*, 6. Mai 2022, https://front.com/blog/how-i-took-a-week-off-work-and-completely-disconnected.

187 Chris Kolmar, »50+ Telling Paid Time Off (PTO) Statistics [2022]: Average PTO in the United States«, Zippia, 18. August 2022, https://www.zippia.com/advice/pto-statistics/#:~:text=After%20extensive%20research%2C%20our%20data,days%20of%20PTO%20in%202018.

188 Toni Morrison, »The Work You Do, the Person You Are«, *New Yorker*, 29. Mai 2017, https://www.newyorker.com/magazine/2017/06/05/toni-morrison-the-work-you-do-the-person-you-are.

189 Kurt Vonnegut, Jr., »Joe Heller« (Gedicht), *New Yorker*, 16. Mai 2005.

190 Morrison, »The Work You Do, the Person You Are«.

Epilog

191 William Deresiewicz, »Solitude and Leadership«. *The American Scholar*, 1. März 2010, https://theamericanscholar.org/solitude-and-leadership.

192 William Deresiewicz, *Excellent Sheep: The Miseducation of the American Elite and the Way to a Meaningful Life* (New York: Free Press, 2014), 3.

Stichwortverzeichnis